Green Office

Rebecca Sommer

Green Office

Der praktische Leitfaden für mehr Nachhaltigkeit und Umweltbewusstsein im Büro

Bibliografische Information der Deutschen Nationalbibliothek
Die Deutsche Nationalbibliothek verzeichnet diese Publikation in der Deutschen Nationalbibliografie; detaillierte bibliografische Daten sind im Internet über http://dnb.d-nb.de abrufbar.

Bei der Herstellung des Werkes haben wir uns zukunftsbewusst für umweltverträgliche und wiederverwertbare Materialien entschieden.
Der Inhalt ist auf elementar chlorfreiem Papier gedruckt.

ISBN 978-3-7475-0523-6
1. Auflage 2023

www.mitp.de
E-Mail: mitp-verlag@sigloch.de
Telefon: +49 7953 / 7189 - 079
Telefax: +49 7953 / 7189 - 082

Lektorat: Sabine Schulz, Nicole Winkel
Sprachkorrektorat: Nicole Winkel
Bildnachweis: © troyanphoto / stock.adobe.com
Satz: III-satz, Kiel, www.drei-satz.de
Druck: Plump Druck & Medien GmbH, Rheinbreitbach

Inhaltsverzeichnis

Einleitung. 11

1   Was ist ein Green Office? 15
1.1   Begriff der Nachhaltigkeit kurz erklärt 15
       1.1.1   Das Drei-Säulen-Modell nachhaltiger Entwicklung. 16
1.2   Corporate Social Responsibility (CSR). 17
1.3   Beweggründe für Unternehmen 18
1.4   Beweggründe für Mitarbeiter 20

2   Hintergrundwissen 21
2.1   Das Büro der Zukunft ist nachhaltig 21
2.2   Unsere Welt befindet sich im Wandel. 21
       2.2.1   Luft 23
       2.2.2   Böden 24
       2.2.3   Wälder. 25
       2.2.4   Meere und Gewässer 26
       2.2.5   Tiere und Pflanzen. 28
       2.2.6   Konsequenz 30

3   Los geht es – erste Schritte 31
3.1   Analyse: Wie nachhaltig ist mein Büro? 31
3.2   Bewusstsein im Unternehmen schaffen 32
3.3   Nachhaltigkeitsteam gründen. 33
3.4   Nachhaltigkeitsbeauftragten ernennen 35
3.5   Internen Wettbewerb veranstalten. 36
3.6   Mitarbeiter sensibilisieren/schulen 37

4   Was jeder tun kann 41
4.1   Auf dem Weg ins Büro 42
       4.1.1   Fahrrad 42
       4.1.2   E-Scooter. 43
       4.1.3   Öffentliche Verkehrsmittel 44
       4.1.4   Fahrgemeinschaften. 45
4.2   Im Umgang mit Technik 45
       4.2.1   Energie sparen 45
       4.2.2   Klimakiller Internet? 48

4.3   Bei der virtuellen Zusammenarbeit   50

    4.3.1   Remote Work   51

    4.3.2   Sinnvolle Gadgets für das mobile Büro   51

    4.3.3   Praktische Tools   52

4.4   Rund um Lebensmittel   55

    4.4.1   Bessere Leistung durch gesunde Ernährung   55

    4.4.2   Bio, saisonal, regional und fair   56

    4.4.3   Das dreckige Dutzend   57

    4.4.4   Mit gutem Beispiel vorangehen.   58

    4.4.5   In der Teeküche   59

    4.4.6   In der Kantine.   61

    4.4.7   Veggieday: (K)eine gute Idee?   61

4.5   In Sachen Hygiene und Reinigung   63

    4.5.1   Verhalten in den Sanitäranlagen.   63

    4.5.2   Müll vermeiden und richtig trennen.   65

    4.5.3   Ökologische Reinigung   66

4.6   Bei der Wahl der Kleidung   69

    4.6.1   Green (Office) Fashion.   69

    4.6.2   Nachhaltige Materialien   71

5   Langfristige Ziele   77

5.1   Das papierarme Büro.   77

    5.1.1   Bestandsaufnahme   77

    5.1.2   Sofortmaßnahmen   78

    5.1.3   Langfristige Maßnahmen.   79

    5.1.4   Umweltfreundlicheres Papier   79

5.2   Das plastikarme Büro   82

    5.2.1   Bestandsaufnahme.   83

    5.2.2   Tipps zur Reduzierung von Plastik.   84

    5.2.3   Umweltfreundlichere Alternativen   84

5.3   Das klimaneutrale Büro.   87

    5.3.1   Kompensation.   88

    5.3.2 CO_2-Bilanz.   88

    5.3.3   Klimaneutraler Versand.   89

6   Nachhaltige Kommunikation und Marketing   91

6.1   Wie kommunizieren grüne Unternehmen?   91

6.2   Onlinewerbung   92

6.3   PR-Arbeit   92

6.4   Social Media.   94

6.5	Printwerbung	96
6.6	Mitarbeiter- und Kundengeschenke	96
6.7	Feiern und Ausflüge	97
6.8	Teilnahme an Wettbewerben	100
6.9	Reporting	102
6.10	Risiken und Chancen	108
	6.10.1 Vorsicht: Greenwashing-Falle	108
	6.10.2 10 Formen des Greenwashings	108
	6.10.3 In die Greenwashing-Fall getappt, was nun?	110
	6.10.4 FEHLER = HELFER	112
7	**Was Unternehmen zusätzlich tun können**	113
7.1	In Sachen Energieversorgung	113
	7.1.1 Was ist eigentlich Ökostrom?	113
	7.1.2 Ökostrom-Anbieter	115
7.2	Grüne Banken und Versicherungen	116
7.3	Grüne Technik	117
	7.3.1 Computer	118
	7.3.2 Drucker	118
	7.3.3 Entsorgung ausgedienter Technik	119
7.4	Auf Geschäftsreisen	120
	7.4.1 Vorbereitung auf eine Geschäftsreise	122
	7.4.2 CO_2-Ausstoß pro Person und Kilometer	122
8	**Bürogebäude der Zukunft**	125
8.1	Außen	125
	8.1.1 Zertifizierungssysteme	125
	8.1.2 Ökologische Baumaterialien	126
	8.1.3 Gebäudebegrünung	126
	8.1.4 Firmengarten anlegen und pflegen	127
8.2	Innen	130
	8.2.1 Bodenbeläge	130
	8.2.2 Tapeten und Farben	133
	8.2.3 Das DGNB-Zertifizierungsverfahren als Wegweiser	133
	8.2.4 Begrünung in Innenräumen	134
	8.2.5 Lichtkonzept	137
	8.2.6 Einrichtung	139
	8.2.7 Upcycling und Recycling	141
	8.2.8 Mieten	142
	8.2.9 Flexible Raumkonzepte	142

	8.2.10 Co-Working	144
	8.2.11 Das nachhaltigste Büro ist kein Büro	146
A	**Tipps, Checklisten und Ökosiegel**	**149**
A.1	Fazit	149
A.2	10 Tipps für mehr Nachhaltigkeit im Büro	149
A.3	Checklisten zur Green-Office-Challenge	152
	A.3.1 Erste Analyse	152
	A.3.2 Büroeinrichtung und -ausstattung	154
	A.3.3 Materialbeschaffung	154
	A.3.4 Essen und Trinken	155
	A.3.5 Sanitäranlagen	157
A.4	Relevante Ökosiegel auf einen Blick	157
	A.4.1 Blauer Engel	158
	A.4.2 EU Ecolabel	158
	A.4.3 EU-Bio-Logo	158
	A.4.4 PEFC	159
	A.4.5 FSC	159
	A.4.6 ÖKOPAPlus	159
	A.4.7 Aqua Pro Natura / Weltpark Tropenwald	160
	A.4.8 HOLZ VON HIER	160
	A.4.9 Österreichisches Umweltzeichen	160
	A.4.10 Cradle to Cradle (C2C)	160
	A.4.11 GOTS	160
	A.4.12 OEKO-TEX® MADE IN GREEN	161
	A.4.13 Grüner Knopf	161
	A.4.14 Fairtrade	161
A.5	Hilfreiche Webadressen	162
	A.5.1 Alternative Geldanlagen	162
	A.5.2 Ethische Jobbörsen	162
	A.5.3 Crowdfunding	162
	A.5.4 Grüne Banken	162
	A.5.5 Grüne Versicherungen	162
	A.5.6 Mitfahrgelegenheiten	163
	A.5.7 Grüne Suchmaschinen	163
	A.5.8 Kleinanzeigen-Plattformen	163
	A.5.9 Spenden-Plattformen	163
	A.5.10 Naturschutzorganisationen	163

A.5.11   Wettbewerbe   163

A.5.12   Wurmkisten   163

A.5.13   Reisen   164

A.5.14   Kleidung   164

A.6   Saisonkalender.   164

A.7   Mülltrenn-Tabelle   166

Stichwortverzeichnis   167

Einleitung

Als ich zum ersten Mal bei einem Gewerbeamt saß, um ein Unternehmen anzumelden, war ich zarte 18 Jahre alt. Voller Enthusiasmus, Ideenreichtum und jugendlichem Leichtsinn habe ich mich noch als Schülerin eines Wirtschaftsgymnasiums in das Abenteuer Selbstständigkeit gestürzt. Heute bin ich mehr als froh über diesen waghalsigen Schritt, denn je älter ich geworden bin, je mehr Erfahrungen ich gesammelt, je mehr Fehler ich gemacht und je häufiger ich falsche Entscheidungen getroffen habe, desto vorsichtiger bin ich geworden. Ob ich heute noch den Mut hätte, ein Unternehmen zu gründen, kann ich nicht mit Sicherheit sagen.

Vielleicht war es damals auch kein Mut, sondern Naivität, die mich angetrieben hat. Man sagt, dass das Gehirn eines Teenagers einer Großbaustelle gleicht. Der Frontalhirnlappen ist in seiner Funktion derart eingeschränkt, dass er seine Aufgaben – nämlich das Treffen rationaler Entscheidungen und das Einschätzen möglicher Gefahren und Konsequenzen – für einige Zeit nicht erfüllen kann. Stellvertretend übernimmt diese Aufgaben jener Teil des Gehirns, der eigentlich für die Steuerung von Emotionen zuständig ist. In unserer Jugend lassen wir uns also aufgrund von Fehlfunktionen im Gehirn vornehmlich von Impulsen leiten. Bauch vor Kopf. Mit der Zeit, wenn die Bauarbeiten im Gehirn abgeschlossen sind, verlernen wir das. Und das ist in vielerlei Hinsicht gut.

Wenn es jedoch darum geht, große Veränderungen anzustoßen, steht uns genau diese Rationalität meistens im Weg. Als Erwachsene neigen wir dazu, lange auf einer Sache herumzudenken. Wir wägen ab, recherchieren, holen uns unterschiedliche Meinungen ein. Ehe wir den ersten Schritt gehen, wollen wir den Weg und die darauf liegenden Hindernisse kennen, diese am besten direkt umgehen und das Ziel stets vor Augen haben. Wir schreiben Listen und Pläne und verwerfen diese wieder. Aus Angst davor, zu versagen, versuchen wir es gar nicht erst. Unter ständiger Beobachtung stehend – in Zeiten von Social Media mehr denn je – wächst der Druck, alles richtig zu machen. Unter diesem Druck neigen viele Menschen dazu, ihr Leben zu beschönigen. Privat und beruflich. Vor anderen und nicht zuletzt vor sich selbst. Die eigene Unzufriedenheit, die großen Träume und Visionen versuchen sie zu ignorieren. Stattdessen funktionieren sie.

Was ihr jugendliches Ich dazu sagen würde? Es ist wenig verwunderlich, dass es Teenager waren, die sich mit der »Fridays for Future«-Bewegung in den letzten

Jahren zu einer mitreißenden Welle formiert haben. Naiv mag man deren Einstellung nennen. Die jungen Menschen, die Schulstreiks für eine sinnvolle Investition in ihre eigene Zukunft betrachten, sind in ihrem Alter schließlich nicht in der Lage, klar zu denken. Gesteuert werden sie von starken Emotionen. Eine davon ist Angst. Sie haben Angst davor, dass ihr Heimatplanet zerstört wird und noch für ihre Generation nicht mehr lebenswert sein wird. Dass Teenager häufig aus einer vermeintlichen Kleinigkeit ein großes Drama machen, erlebe ich täglich – denn drei meiner vier Kinder sind gerade in diesem spannenden Alter. Da hilft manchmal Aussitzen. Frei dem Motto: Die beruhigen sich schon wieder. Und genau das haben Politik, Industrie und Medien zu Beginn der »Fridays for Future«-Bewegung getan.

Als die damals 13-jährige Schwedin Greta Thunberg mit einem Pappschild mit der Aufschrift »Skolstrejk för klimatet« (»Schulstreik fürs Klima«) vor dem schwedischen Reichstag in Stockholm saß, hat man sie zunächst belächelt. Die beruhigt sich schon wieder. Hat sie nicht. Sie ist in den letzten sechs Jahren zur Ikone einer weltweiten Jugendbewegung geworden, hat zahlreiche prominente Multiplikatoren für ihre Sache gewonnen und ihr Anliegen vor den mächtigsten Menschen der Welt vorgetragen. Mit einer solchen Entwicklung hat die Schülerin vermutlich nicht gerechnet. Vielleicht hat sie gar nicht gerechnet. Stattdessen hat sie gehandelt. Sie hat ausgesprochen, was viele junge Menschen fühlen.

Nun ist es an uns Erwachsenen, hinzuhören und die Sorgen der Generation Z ernst zu nehmen. Denn auch wenn Z der letzte Buchstabe im Alphabet ist, sollte diese Generation nicht die letzte sein. Wir tragen alle gemeinsam die Verantwortung für eine enkeltaugliche Zukunft. Jeder Einzelne kann mit seinem Verhalten einen Teil dazu beitragen. Einen ersten Schritt in die richtige Richtung sind Sie bereits gegangen, als Sie dieses Buch aufgeschlagen haben.

Hamburg, im März 2023
Rebecca Sommer

Zielgruppe und Inhalte dieses Buches

»Green Office« richtet sich an alle Menschen, die ihren Arbeitsalltag in einem Büro verbringen – ob als Angestellte, Selbstständige oder Gewerbetreibende. Auch jene, die (überwiegend) im mobilen Büro oder Homeoffice arbeiten oder noch vor der Gründung eines eigenen Unternehmens oder dem Start in die Berufswelt stehen, können von diesem Buch profitieren.

In Deutschland arbeiten rund 18 Millionen Menschen und somit mehr als 40 % aller Erwerbstätigen in Büros und viele weitere in büroähnlichen Produktionsstätten wie Laboren. Wenn jeder Einzelne Verantwortung für sein eigenes Verhalten am Arbeitsplatz übernimmt und Arbeitgeber ein sozial-ökologisches Handeln unterstützen, können alle gemeinsam eine Menge erreichen – gegen den Klimawandel und für den Erhalt unseres Planeten.

Bereits kleine Veränderungen können dazu beitragen, Ressourcen zu sparen und die Umwelt nicht unnötig zu belasten. Mit einer durchdachten Strategie können in einem bewusst ökologischen Büroalltag zudem Kosten eingespart werden. In vielen Branchen können durch eine nachhaltige Unternehmensführung darüber hinaus das Image aufgewertet, Kundenkontakte gepflegt, neue Zielgruppen erschlossen und Partner gewonnen werden. Nachhaltigkeit ist mehr als ein Trend und für viele Menschen schon heute ein Argument bei der Wahl eines Produkts oder Dienstleisters.

Mit diesem Buch möchte ich inspirieren und konkrete Anregungen geben, wie ein nachhaltiges Büro Schritt für Schritt Realität werden kann. Dabei berufe ich mich zum einen auf meine eigenen Erfahrungen, die ich in den letzten dreizehn Jahren als Geschäftsführerin einer nachhaltigen Werbeagentur und zeitweilig als angestellte Redakteurin sammeln durfte, und zum anderen auf das Wissen zahlreicher Experten, mit denen ich mich während meiner Recherchen zu diesem Buch intensiv ausgetauscht habe.

Ergänzend zu diesem Buch finden Sie weiterführende Informationen zum Thema auf der Website greenofficechallenge.de. Werden Sie gerne auch Teil der »Green-Office-Community« und folgen Sie @greenofficechallenge auf Instagram. Verwenden Sie das Hashtag #greenofficechallenge und machen Sie so auf Ihr Unternehmen und Ihr nachhaltiges Büro aufmerksam. Gerne teile ich Ihre kleinen und großen Schritte hin zum nachhaltigen Büro mit der Öffentlichkeit.

Alle Angaben in diesem Buch sind sorgfältig geprüft. Detaillierte Quellenangaben zu Zahlen, Fakten und Zitaten finden Sie in einem PDF-Dokument, das Sie unter www.mitp.de/0523 herunterladen können.

Hinweis

Aus Gründen der besseren Lesbarkeit verwende ich in diesem Buch bei Personenbezeichnungen und personenbezogenen Hauptwörtern die männliche Form. Entsprechende Begriffe gelten im Sinne der Gleichbehandlung jedoch grundsätzlich für alle Geschlechter. Die verkürzte Sprachform beinhaltet keine Wertung.

Über die Autorin

Rebecca Sommer ist Redakteurin, Unternehmerin und Umweltaktivistin. Als Geschäftsführerin leitet sie die nachhaltige Werbeagentur *between*, die 2019 einen ersten Platz beim bundesweiten Wettbewerb »Büro & Umwelt« belegt und 2021 erneut eine Auszeichnung erhalten hat. Gemeinsam mit ihrem Team erarbeitet sie Print- und Onlinemarketing-Lösungen für Unternehmen in der D-A-CH-Region und darüber hinaus. Rebecca Sommer ist außerdem Gründerin und Chefredakteurin des Familienmagazins »Naturkind«, das sich an naturverbundene Familien richtet.

Mit diesem Buch will Rebecca Sommer andere Unternehmer sowie Angestellte und Gründer anregen, ihren Büroalltag möglichst nachhaltig zu gestalten, um damit einen Teil zum Schutz der Umwelt und gegen den menschengemachten Klimawandel beizutragen.

Kapitel 1

Was ist ein Green Office?

»Green Office« bedeutet zu Deutsch nichts anderes als »grünes Büro«. Doch was ist damit konkret gemeint? Eine offizielle Definition gibt es für diesen Begriff nicht und doch können sich die meisten Menschen auf Anhieb etwas darunter vorstellen. Die Farbe Grün steht für viele als symbolischer Sammelbegriff für alles, was nachhaltig, ökologisch, ressourcen- und umweltschonend, klimafreundlich und fair ist.

Ein nachhaltiges Büro ist also ein Büro, in dem rundum auf diese Themen geachtet wird. Nicht nur für Gründer ist es interessant, ökologische Grundsätze in das geplante Unternehmen zu integrieren, auch für bestehende Firmen lohnt sich ein Umdenken. Und selbst wer glaubt, als Angestellter nur ein kleiner Fisch in einem großen Teich zu sein, kann sein eigenes Verhalten im Büroalltag verändern und damit Kollegen oder Vorgesetzte inspirieren. Bereits kleine Veränderungen können in der Summe einen großen Nutzen für die Umwelt haben und nebenbei zu einer Kostenersparnis und Imageverbesserung des Unternehmens führen. Das Green Office ist ein zukunftsorientiertes Wertversprechen, das sich Unternehmen selbst machen.

Hinweis

Eine weitere Verwendung findet der Begriff »Green Office« an Hochschulen in ganz Europa. Die Rede ist in diesem Fall von einem, durch Studierende und Hochschulmitarbeiter geführten, Nachhaltigkeitsbüro, das Studierende über das Thema Nachhaltigkeit informiert und eigene Projekte in diesem Bereich realisieren soll. Das erste »Green Office« ist 2010 an der Universität Maastricht eingerichtet worden, zehn Jahre später haben das Modell bereits 35 Hochschulen übernommen. So vorbildlich und wertvoll diese Idee ist – im vorliegenden Buch konzentrieren wir uns auf die erste Interpretation.

1.1 Begriff der Nachhaltigkeit kurz erklärt

In den vergangenen Jahren ist der Begriff der Nachhaltigkeit so inflationär von Medien, Politik und Werbung und selbst von der Wissenschaft verwendet worden, dass er kaum noch Aussagekraft hat. Viele halten Nachhaltigkeit sogar für ein modernes Kunstwort und das, obwohl der Freiberger Oberberghauptmann Hans Carl von Carlowitz bereits im Jahr 1713 in seinem Schriftstück »Sylvicultura Oeconomica« eine Definition dazu verbreitet hat.

Ziel der Nachhaltigkeit ist – damals wie heute – die Erschaffung eines sich selbst regulierenden Systems, das seinen Bestand auf natürliche Weise erhalten kann. Voraussetzung dafür und gleichzeitig wirtschaftliche Grundlage der meisten Unternehmen ist eine funktionierende Umwelt – also ein »gesunder« Planet. Um eine ökonomische und soziale Stabilität zu erzielen, muss die Umwelt aktiv geschützt werden. Es reicht nicht aus, einen Teil des erzielten Gewinns in Gutes zu stecken, vielmehr muss die Aufmerksamkeit bereits bei der Art und Weise der Gewinnerzielung bewusst auf die ökologische Komponente gelegt werden. Während es Carlowitz im 18. Jahrhundert vorrangig um eine nachhaltige Waldnutzung ging und darum, nur so viele Bäume zu fällen, wie in absehbarer Zeit auf natürliche Weise nachwachsen konnten, ist der Begriff der Nachhaltigkeit heute weit umfassender, jedoch als solcher längst nicht unumstritten.

Nachhaltigkeit ist eine Art »grünes Label« geworden, das sich Unternehmen nur allzu gerne selbst aufkleben, ohne konkret darzustellen, was sie mit Nachhaltigkeit im Detail meinen. Vielleicht wissen sie es auch selbst nicht so genau, denn eine allumfassende Begriffsdefinition gibt es auch hierfür wieder nicht. Der Begriff ist verwässert und zumindest sollte bei der Erstellung eines Wordings darüber diskutiert werden, in welcher Dosierung von Nachhaltigkeit gesprochen werden sollte. Ist es zweckdienlich und zielführend? Oft kann darauf verzichtet werden und stattdessen können andere Formulierungen besser auf den Punkt bringen, inwiefern sich das Unternehmen mit den Themen Umwelt- und Klimaschutz befasst.

1.1.1 Das Drei-Säulen-Modell nachhaltiger Entwicklung

Um eine ganzheitliche Nachhaltigkeitspolitik in einem Unternehmen zu gewährleisten, wird oft das Drei-Säulen-Modell als integrativer Ansatz verwendet. Stellen wir uns das Gesamtsystem der nachhaltigen Entwicklung als Dach vor, wird dieses demnach von drei Säulen getragen: Ökologie, Ökonomie und Soziales. Dabei steht zwar jede Säule als Teilbereich für sich, jedoch stehen die Säulen auch in Wechselwirkung zueinander: Nur wenn alle Säulen als gleichwertige Stützen für das Dach betrachtet und behandelt werden, können sie für Stabilität und Balance sorgen. Die einzelnen Säulen sind dabei abhängig voneinander: Wird die ökologische Säule vernachlässigt, hat dies langfristig Auswirkungen auf die ökonomische und die soziale Säule.

Das Modell ist in der Fachwelt ähnlich umstritten wie das Nachhaltigkeitsdreieck und wird gleichermaßen dafür kritisiert, dass es oft nicht realisiert werden kann. Zudem wird von einigen Kritikern gefordert, dass der ökologischen Nachhaltigkeit

mehr Bedeutung zugesprochen werden sollte, da der Schutz natürlicher Lebens-
bedingungen auch die Grundvoraussetzung für ökonomische und soziale Stabilität sei.

© hkama/ stock.adobe.com

1.2 Corporate Social Responsibility (CSR)

Corporate Social Responsibility (CSR) beschreibt das gesellschaftliche Engagement
eines Unternehmens, das über seine gesetzlichen Verpflichtungen hinausgeht. In
der Praxis werden die Begriffe CSR und Nachhaltigkeit oftmals synonym verwendet. So sprechen manche Unternehmen von einer CSR-Strategie und einem CSR-
Bericht, andere von einer Nachhaltigkeitsstrategie und einem Nachhaltigkeitsbericht. In der Theorie ist CSR als Konzept hingegen enger gefasst als Nachhaltigkeit: CSR bezeichnet den spezifischen Beitrag, den Unternehmen zum
nachhaltigen Wirtschaften, zur Nachhaltigkeit, leisten.

Seit einigen Jahren verwenden viele Unternehmen auch häufig den Begriff *Corporate Responsibility* (CR) als Synonym für CSR. Manche Autoren betonen beim Konzept CR die wirtschaftliche Dimension von Nachhaltigkeit und Fragen der
Unternehmensführung stärker als bei CSR, andere bevorzugen CR, um ein Miss-
verständnis zu vermeiden: Denn das »social« in CSR wird im Deutschen oft als
»sozial« missverstanden und CSR fälschlicherweise als Konzept interpretiert, das
lediglich auf die soziale Dimension unternehmerischer Nachhaltigkeit abzielt.

Entsprechend fand der Begriff Corporate Responsibility in der unternehmerischen Praxis in den letzten Jahren in Deutschland zum Teil häufiger Anwendung
als CSR. *Corporate Citizenship* hingegen bezeichnet nur das über die eigentliche

Geschäftstätigkeit eines Unternehmens hinausgehende Engagement und umfasst damit den Bereich des gemeinnützigen Engagements der Unternehmen. Corporate Citizenship ist im Wesentlichen auf Sponsoring, Spenden und Stiftungsaktivitäten begrenzt.

1.3   Beweggründe für Unternehmen

Das weltweite Wirtschaftswachstum stößt an seine ökonomischen Grenzen und der Grund dafür ist schnell zusammengefasst: Die Ressourcen unseres Planeten sind endlich. Dieser Fakt stellt unser gesamtes bisheriges Wirtschaftssystem in Frage und zwingt Unternehmen zum Umdenken und dazu, neue Wege zu gehen. Ob aus idealistischer Überzeugung oder purem Überlebenswillen – um das Thema einer grünen Ausrichtung kommt schon heute kein Unternehmen herum, das zukunftsfähig bleiben oder werden will. Nachhaltigkeit ist eine globale Herausforderung und entsprechend muss auch der Arbeitsplatz gestaltet werden.

Das Denken, das Verhalten und das Informationsbedürfnis von Verbrauchern haben sich in den letzten Jahren bereits spürbar verändert, wie beispielsweise die Umweltbewusstseinsstudie aus dem Jahr 2018 zeigt. Alle zwei Jahre untersuchen das Bundesumweltministerium und das Umweltbundesamt, wie sich das Umweltbewusstsein und -verhalten in Deutschland entwickelt. Zusammengefasst zeigen die jüngsten Befragungsergebnisse, dass der Stellenwert von Umwelt- und Klimaschutz in der Bevölkerung zugenommen hat. So haben 64 % der Befragten den Umwelt- und Klimaschutz als »sehr wichtige Herausforderung« eingeschätzt – 11 Prozentpunkte mehr als bei der Studie 2016.

Eine dadurch gesteigerte Erwartungshaltung könnte dafür verantwortlich sein, dass die Beurteilung des Engagements relevanter Akteure für Umwelt- und Klimaschutz einen historischen Tiefstwert erreicht: Mit dem Engagement der Industrie sind gerade einmal 8 % zufrieden, mit dem der Bundesregierung 14 % und mit dem der Gemeinden 24 %. In den zentralen Politikbereichen Energie-, Landwirtschafts- und Verkehrspolitik halten die Befragten sogar einen grundlegenden Politikwechsel für erforderlich. Doch die Befragten bewerten in der jüngsten Studie nicht nur Politik und Wirtschaft kritisch, auch das Engagement der Bürger selbst wird nur von 19 % als »gut« oder »eher gut« betrachtet. 2016 lag dieses Ergebnis noch bei 34 %.

Unternehmen, die diesen gesellschaftlichen Wandel erkennen und darauf strategisch reagieren, haben die Chance, zukunftsfähig zu bleiben oder zu werden.

Zwar mag eine grüne Unternehmensführung durchaus einen idealistischen Hintergrund haben, doch sollte daneben der kaufmännische Nutzen nicht unterschätzt werden. Erfolgreich kann sein, wer Ideologie und Gewinnchancen in einer durchdachten Strategie vereint und damit eine anspruchsvolle Zielgruppe überzeugt: eine Zielgruppe, die bereit ist, für ökologische Produkte und Dienstleistungen mehr zu bezahlen. Schon heute hängen laut einer Service-Plan-Studie 22 % des Umsatzes von der Reputation ab, wobei ökologische Werte einen besonderen Stellenwert haben.

Die gleiche Studie ergibt: Bis zu 10 % zusätzlichen Umsatz können Unternehmen erwirtschaften, wenn sie von (potenziellen) Kunden als nachhaltig wahrgenommen werden. Wer sich dieser Entwicklung nicht verschließt und Schritt für Schritt ein grünes Denken in sein Unternehmen implementiert, kann sich außerdem langfristig positiv von Mitstreitern abheben und einen enormen Wettbewerbsvorteil erlangen.

Die Beweggründe für ein Green Office können also zum einen idealistischer Natur sein – Unternehmen wollen bewusst und aktiv einen Teil zum Umweltschutz und gegen den menschengemachten Klimawandel beitragen – oder auch kaufmännischer Natur – durch die Umsetzung einer grünen Unternehmensführung sollen die Zukunftsfähigkeit des Unternehmens gesichert und ein Wettbewerbsvorteil erlangt werden.

Eine gesunde Herangehensweise ist eine Mischform aus beiden Bereichen. Wer bei allem Idealismus die Zahlen aus den Augen verliert, läuft Gefahr, sich finanziell zu ruinieren. Wer hingegen nur das Image des Unternehmens fokussiert, ohne echte Veränderungen durchzusetzen, kann an Glaubwürdigkeit verlieren und in die »Greenwashing-Falle« tappen (hierzu mehr in Abschnitt 6.10.1).

Warum ist es wichtig, die Beweggründe des Unternehmens zu kennen? Wer als Angestellter in seinem Unternehmen etwas bewegen will, kann im Kleinen anfangen und seine direkten Kollegen durch ein vorbildliches Verhalten inspirieren. Auf großer Ebene wird er jedoch nur dann etwas erreichen, wenn er die Unternehmensführung davon überzeugen kann, langfristige Maßnahmen zu ergreifen und verbindliche Regeln für alle Angestellten aufzustellen. Es ist toll, wenn ein Angestellter an seinem Drucker den »beidseitigen Druck« als Standard einstellt und seinen Computer zum Feierabend herunterfährt. Wenn er damit den Kollegen gegenüber dazu bewegt, sein Handeln ebenfalls zu überdenken und es ihm gleichzutun, hat er schon etwas Gutes getan. Doch erst, wenn eine Rundmail der Unternehmensleitung alle Mitarbeiter erreicht und künftig alle offiziell auf diese Weise Ressourcen sparen sollen, wird die Veränderung im Großen spür- und messbar.

In großen Unternehmen kann die Umsetzung des Projekts »Green Office« ein mitunter langwieriger Prozess sein und auch in kleinen und mittelständischen Betrieben ist Fingerspitzengefühl gefragt, wenn man als Angestellter Ideen in Sachen Ökologie verwirklichen möchte. Zunächst einmal sollte man das Unternehmen, die Historie und Philosophie kennen, um einschätzen zu können, mit welchen Argumenten und Herangehensweisen man Entscheider am ehesten begeistern kann.

Welches Interesse könnte das Unternehmen daran haben, nachhaltiger zu werden? Welche Vorteile könnte eine Umstrukturierung für alle Beteiligten mit sich bringen? Werden für etwaige Umstrukturierungen und Anschaffungen Kosten anfallen und, falls ja, wann relativieren sich diese und wann führen die zunächst anstehenden Investitionen sogar zu Einsparungen? In Gesprächen mit Entscheidern werden solche Fragen aufkommen und wer sie nicht beantworten kann, wird dazu vielleicht keine zweite Chance erhalten.

1.4   Beweggründe für Mitarbeiter

Warum sollten Mitarbeiter ein Interesse an der Green-Office-Challenge haben? Auch hierfür gibt es mehrere Beweggründe. Dass das Unternehmen, bei dem sie angestellt sind, zukunftsfähig wird oder bleibt, sollte schon allein deshalb relevant für sie sein, weil ihr Job andernfalls in Gefahr sein könnte. Mitarbeiter, die im Unternehmen mehr als einen Geldgeber sehen, fühlen sich außerdem in der Verantwortung, dessen Image mit zu stärken.

Immer mehr Menschen legen darüber hinaus Wert darauf, einer sinnvollen Beschäftigung nachzugehen, die Umwelt und das Klima in ihrem Arbeitsalltag nicht unnötig zu belasten oder im Idealfall zu schützen. Sie wünschen sich nicht nur eine ausgeglichene Work-Life-Balance, sondern auch eine positive Klimabilanz und einen möglichst kleinen ökologischen Fußabdruck. Sie wollen voll und ganz hinter der Philosophie des Unternehmens stehen, für das sie tätig sind, und sind dann auch eher bereit, mehr zu leisten. Wer schon jeden Montag sehnsuchtsvoll dem Wochenende entgegenblickt, ist vermutlich im falschen Job gefangen. Ob dieser deshalb direkt an den Nagel gehängt werden sollte, muss jeder für sich abwägen, doch vor einem Schnellschuss möchte ich ausdrücklich warnen. Denn häufig kann man als Mitarbeiter in einem Unternehmen mehr bewegen, als man glaubt.

Der Green-Office-Challenge kann sich jeder Mitarbeiter im Kleinen stellen: mit seinem Verhalten Kollegen und Vorgesetzte inspirieren und vielleicht sogar der Stein sein, der die Green-Office-Strategie des ganzen Unternehmens ins Rollen bringt. Für Letzteres braucht es neben einer Portion Idealismus und tiefer Überzeugung auch Durchhaltevermögen und Überzeugungskraft. Und die richtigen Argumente, die kritischen Nachfragen standhalten. In diesem Buch erhalten auch Mitarbeiter ohne Führungsverantwortung Anreize und Hintergrundinformationen.

Kapitel 2

Hintergrundwissen

2.1 Das Büro der Zukunft ist nachhaltig

Wie sieht das Büro der Zukunft aus? Eine Frage, die sich Menschen weltweit stellen. In den vergangenen Jahren sind Unternehmen von der Corona-Politik zu Maßnahmen gezwungen worden, die sie unter anderen Umständen nicht ergriffen hätten. Viele mussten einsehen, dass ihre Vorurteile, die sie etwa gegenüber den Themen Digitalisierung und Heimarbeit hatten, unbegründet waren. Sie haben erkannt, dass Mitarbeiter nicht zwingend Nine to Five im Büro sitzen müssen, um gute Ergebnisse zu liefern. Die Corona-Krise gilt unter Zukunftsforschern als Trend-Beschleuniger, unter anderem für die Themen New Work, Neo-Ökologie und den Wandel vom Wirtschaftssystem hin zum Wertesystem.

Als ich die Idee zu diesem Buch hatte, haben allenfalls einige Akteure von Planspielen mit einer weltweiten Virus-Pandemie kalkuliert. Ich selbst habe ein solches Szenario nicht im Entferntesten in meinen Zukunftsvisionen gesehen. Als sich die Nachrichten dazu überschlugen und mir bewusst wurde, dass da etwas Großes auf uns zurollt und hinterher nichts mehr sein wird, wie es war, habe ich das Projekt Green-Office-Challenge zunächst bei Seite gelegt. »Die Menschen haben nun andere Sorgen, als ihr Büro nachhaltig auszurichten«, habe ich gedacht. Monatelang habe ich abgewartet und beobachtet und letztlich festgestellt, dass jedoch genau dieses Thema den Zahn der Zeit trifft. Mehr noch als vor der Corona-Krise. Die Welt befindet sich im Wandel: Das Büro der Zukunft ist nachhaltig.

2.2 Unsere Welt befindet sich im Wandel

Wissenschaft, Politik, Industrie und Medien diskutieren seit Jahrzehnten darüber, welche Rolle der Mensch beim Klimawandel spielt: Ist er Zerstörer oder Retter? Seit Beginn der Industrialisierung haben sich die weltweiten Temperaturen bereits um durchschnittlich 1 Grad Celsius erhöht, so viel weiß man heute. Sollten sie sich weiter um mehr als 2 Grad Celsius erhöhen, seien die Auswirkungen nicht mehr kontrollierbar, so die aktuelle Prognose zahlreicher Klimaforscher, deren Prophezeiungen verheerend sind: Von Umweltkatastrophen, Hungersnöten und Kriegen ist unter anderem die Rede, von zahlreichen Flüchtlingen und Toten.

Die Klimapolitik verfolgt deshalb das sogenannte »2-Grad-Ziel«, das bereits 1996 von der EU formuliert und in den folgenden Jahren immer wieder aufgegriffen wurde – zuletzt 2015 im »Pariser Abkommen«. Idealerweise sollte die globale Erwärmung demnach auf deutlich unter 2 Grad Celsius über dem vorindustriellen Niveau gehalten werden. Einige Experten raten inzwischen sogar, dieses Ziel auf 1,5 Grad Celsius zu setzen. Ob es erreicht wird und ob ein gefährlicher Klimawandel bei einer globalen Erwärmung von weniger als 2 Grad Celsius wirklich verhindert werden kann, ist schwer vorhersehbar. Wahrscheinlich ist, dass wir Lösungen finden müssen, um mit den Folgen leben zu können. Bereits jetzt sind diese zu beobachten und sie stellen zahlreiche Menschen weltweit vor neue Herausforderungen. Während bislang hauptsächlich ärmere Länder spürbar betroffen sind, wird der Klimawandel mehr und mehr auch das Leben und Arbeiten in reichen Industriestaaten verändern.

Im Grunde befindet sich mit dem Klima unsere ganze Welt im Wandel. Und davor kann niemand mehr die Augen verschließen. Jeder Einzelne trägt Verantwortung für sein Handeln, sein Konsumverhalten, seinen Umgang mit Ressourcen, seine Reiselust oder – ganz banal und alltäglich – sein Essen. An unseren eigenen ökologischen Fußabdruck werden wir jährlich am sogenannten »Earth Overshoot Day« (zu Deutsch »Erdüberlastungstag«) erinnert. Im Jahr 2021 waren die natürlichen Ressourcen, die die Erde innerhalb eines Jahres wiederherstellen kann, bereits am 29. Juli aufgebraucht. Würden alle so weiterleben wie bisher, bräuchte es dafür 1,56 Erden.

Bitte verstehen Sie mich, trotz meines streng erhobenen Zeigefingers, nicht falsch. Ich bin wahrlich niemand, der unserer Wohlstandsgesellschaft dauerhaft den Rücken kehren und fortan ein autarkes, veganes Leben ohne jegliche Bequemlichkeit im Urwald führen will. Im Gegenteil bin ich sogar täglich dankbar über viele Vorzüge, die wir als Bewohner der westlichen Welt genießen. Doch gleichzeitig ist mir bewusst, dass eben dieses Privileg schnell dazu führen kann, dass wir mit Scheuklappen durchs Leben gehen, Ausreden finden und die Schuld an dem Dilemma nur allzu gerne bei Anderen suchen.

Ja, die Regierung ist bei diesem Thema mehr denn je gefragt. Sie hat vieles versäumt und war bislang oft nicht streng genug, wenn es darum ging, Gesetze zum Schutz unseres Planeten zu verabschieden. Und auch Industrie und Landwirtschaft, die als Hauptverursacher für die Verschmutzung von Luft, Wasser und Boden gelten, müssen sich ihrer Verantwortung grenzüberschreitend bewusst werden und entsprechend handeln.

Doch auch jeder Bürger kann und muss etwas in seinem ihm möglichen Rahmen tun. Dabei zählt jeder noch so kleine Schritt in die richtige Richtung und wichtig ist zudem eine möglichst hohe Beteiligung an politischen Wahlen.

Ich möchte mit meiner Arbeit niemanden an den Pranger stellen. Stattdessen möchte ich alle unterstützen, die bereits verstanden haben, dass die Uhr fünf vor zwölf schlägt und wir keinen Plan(et) B haben, alle, die etwas verändern und den

Generationen, die noch kommen werden, ein Vorbild sein und eine lebenswerte Welt hinterlassen wollen.

Ich hoffe, Menschen mit meinen Texten und Büchern, Beratungsgesprächen und Konzepten informieren, inspirieren und motivieren zu können. Dass ich die Welt vom Schreibtisch aus nicht retten kann, ist mir klar. Doch einen Teil dazu beitragen, sie etwas besser machen, kann ich. Kann jeder. Können auch Sie. Und dabei haben Klima- und Umweltschutz nicht einmal zwingend etwas mit Verzicht, Einschränkung und Minderung der eigenen Lebensqualität oder gar der Umsätze in einem Unternehmen zu tun. Bereits kleine Veränderungen unserer Gewohnheiten, im privaten wie beruflichen Umfeld, können in der Summe Großes bewirken.

Vermutlich ist genau das Ihr Ansinnen, wenn Sie dieses Buch in den Händen halten. Sollten Sie noch letzte Zweifel haben, ob die Lage wirklich dramatisch ist und ein schnelles Handeln wirklich erfordert, lesen Sie bitte die folgenden Fakten.

2.2.1 Luft

Es wurde wohl selten so oft und enthusiastisch über unsere Atemluft und die darin enthaltenen Aerosole und Krankheitserreger diskutiert, wie in den vergangenen Jahren der Corona-Pandemie. Doch unsere Atemluft bereitet noch ganz andere Probleme, denn durch Landwirtschaft, Industrie, Straßenverkehr, Müllhalden und auch private Haushalte (etwa das Heizen) sowie natürliche Ursachen wird sie erheblich verschmutzt und enthält Stoffe, die für Menschen gesundheitsschädlich sein können.

Während sich reine Luft aus 78 % Stickstoff, 21 % Sauerstoff, 0,9 % Argon und 0,04 % Kohlendioxid zusammensetzt, enthält verunreinigte Luft außerdem Schadstoffe wie Ozon (O_3), Stickstoffoxide (NO + NO_2), Kohlenmonoxid (CO), Schwefeldioxid (SO_2) und Feinstaub (PM).

Jährlich sterben weltweit Millionen Menschen frühzeitig an den Folgen der Luftverschmutzung. Schätzungen der *World Health Organisation* (WHO) nach trifft es jeden achten Menschen. Wer glaubt, hierzulande sei man davon nicht betroffen, irrt. Laut einer Analyse eines Mainzer Forscherteams um den Atmosphärenforscher Prof. Dr. Jos Lelieveld und den Kardiologen Prof. Dr. Thomas Münzel aus dem Jahr 2019 kosten Luftschadstoffe Europäer im Schnitt rund zwei Jahre ihrer Lebenszeit. Die Forscher schätzen die Zahl der durch Luftschadstoffe weltweit frühzeitig Verstorbenen auf etwa 120 Menschen pro 100.000 Einwohner, in Europa auf 133, in Deutschland sogar auf 154.

Und auch, wenn es sich bei Zahlen wie diesen um statistische Abschätzungen handelt und nicht um identifizierbare klinische Todesfälle, so ist dennoch unumstritten, dass schlechte Luft zu den bedeutendsten Gesundheitsrisiken für Menschen zählt. Vor allem kleinste Feinstaubteilchen, mit einem Durchmesser von weniger als 2,5 Mikrometern, werden von Experten als Hauptursache für Atemwegs- und Herzkreislauf-Erkrankungen aufgeführt. Sie können in Nase, Rachen und Luftröhre und bis in den Blutkreislauf gelangen und dem menschlichen Organismus erheblichen Schaden zufügen.

Darüber hinaus hat Luftverschmutzung direkte und indirekte negative Auswirkungen auf das Klima und ist mitverantwortlich für den menschengemachten Anteil des Klimawandels. Feinstaub und Ruß haben direkten Einfluss auf den Treibhauseffekt. Saurer Regen als indirekte Folge von Luftverschmutzung kann Pflanzen und Bäumen schaden, die CO_2 an sich binden könnten. Zudem drohen wertvolle Lebensräume dadurch zu übersäuern und überdüngt zu werden.

Die Folgen betreffen auch landwirtschaftliche Böden und damit langfristig – durch Ernteausfälle – die Wirtschaft. Diese kann weiterhin Schaden nehmen, denn saurer Regen kann Gebäudeschäden anrichten, die mit hohem Kostenaufwand saniert werden müssen. Personalausfälle durch Krankheiten sind ebenfalls ein Punkt, der die Wirtschaft schwächen kann. Nicht nur körperliche Erkrankungen können die Folge von Luftverschmutzung sein.

Eine Studie aus Seoul (Südkorea) kam zu dem Ergebnis, dass Luftverschmutzung Menschen sowohl ängstlicher, depressiver, unmoralischer als auch krimineller werden lässt. Bei einer Umfrage des Meinungsforschungsinstituts *Statista* aus dem Jahr 2017 gab jeder zweite Deutsche an, sich durch Luftverschmutzung – vor allem in Großstädten – gestresst zu fühlen.

2.2.2 Böden

Zwischen 100 und 300 Jahren dauert es laut Umweltbundesamt, bis ein Zentimeter fruchtbarer Boden entsteht. Welch erschreckend lange Zeit, wenn man bedenkt, dass fruchtbare Böden die Lebensgrundlage für Bodenorganismen, Pflanzen, Tiere und nicht zuletzt für uns Menschen sind. Sie reinigen das Grundwasser, versorgen Lebewesen mit essenziellen Nährstoffen und beeinflussen das Klima.

Und obwohl sie solch wichtige Aufgaben haben, werden sie von Menschenhand versiegelt, etwa durch die Bebauung mit Häusern und Straßen sowie asphaltierten Außenflächen wie Parkplätzen, und sie werden verdichtet, etwa durch den Einsatz schwerer Maschinen in der Land- und Forstwirtschaft. Auch mit Verunreinigungen, beispielsweise durch den Einsatz von Pestiziden und Düngemitteln und unsachgemäße Müllentsorgung sorgt der Mensch letztlich dafür, dass die einst natürlichen Böden unfruchtbar werden.

Zudem führt der Klimawandel schon heute – in Zukunft jedoch voraussichtlich noch häufiger – zu Dürren und einer messbaren Erderwärmung. Dadurch können fruchtbare Böden zusätzlich geschwächt werden und Permafrostböden tauen auf. Diese haben in der Vergangenheit große Mengen CO_2 und Methan an sich gebunden, die nun wieder freigesetzt werden und das Klima weiter belasten. Ein

2.2
Unsere Welt befindet sich im Wandel

Teufelskreis. Das Gleiche gilt für Moore, die ebenfalls CO_2 und Methan an sich binden, durch die Erderwärmung und fehlende Niederschläge jedoch austrocknen.

Ein weiteres Problem, unter dem unsere Böden leiden, ist vielen Menschen nicht bekannt. In unseren Böden liegt bis zu zwanzigmal mehr Mikroplastik als in unseren Ozeanen. Die Vermüllung unserer Landschaft bleibt auch für uns Menschen nicht folgenlos. Durch unsere tägliche Nahrungsaufnahme kann Mikroplastik in unsere Körper gelangen.

Forscher um den Gastroenterologen Dr. Philipp Schwabl haben an der Universität Wien in einer ersten Pilotstudie menschliche Kotproben aus aller Welt untersucht und in jeder einzelnen Mikroplastik gefunden: im Durchschnitt 20 Plastikteilchen in 10 Gramm Kot. Hochgerechnet ergibt das etwa 200 Plastikteile pro durchschnittlichem Stuhlgang. Anstoß für diese Untersuchungen waren die Beobachtungen, die Schwabl zuvor gemacht hatte. So waren immer häufiger Menschen mit Darmentzündungen zu ihm gekommen. Seine Vermutung ist, dass die Mikroplastikteilchen winzige Verletzungen im Darm verursachen und dadurch Entzündungen auslösen oder begünstigen können.

Weitere Studien zeigen, dass Mikroplastik nicht nur über den Verdauungstrakt transportiert wird, sondern bis in die Blutbahn und so in weitere Organe gelangen und diesen schaden kann. Mikroplastik entsteht beispielsweise durch Reifenabrieb oder die Zersetzung von Verpackungsmüll und kann mitunter Schwermetalle enthalten.

2.2.3 Wälder

Während deutsche Umweltaktivisten in den 1980er Jahren für ihren Einsatz von unseren europäischen Nachbarn noch belächelt wurden – in Frankreich hat man damals sarkastisch von »Le Waldsterben« gesprochen und das Problem nicht in einem tatsächlich schwindenden Baumbestand, sondern in der Waldvernarrtheit der Deutschen gesehen – ist heute weltweit bekannt, dass unsere Wälder ein großes Problem haben.

Und obwohl inzwischen Experten eindringlich vor den katastrophalen Folgen warnen und das Thema auch in der Politik diskutiert wird, sind unsere Wälder weltweit weiterhin in großer Gefahr.

Jeden Tag werden weltweit Waldflächen in der Größe von 43.200 Fußballfeldern gerodet, so die Angaben der *Landwirtschafts- und Ernährungsorganisation der Vereinten Nationen* (FAO). Das ist heruntergerechnet ein halbes Fußballfeld in jeder einzelnen Sekunde. Als Hauptgründe für Rodungen werden von Experten die zunehmend intensive Forstwirtschaft sowie Veränderungen in der Landnutzung infolge der wachsenden Weltbevölkerung genannt.

Schätzungen zufolge ist die Anzahl der Bäume weltweit seit dem Ende der Jungsteinzeit und mit Beginn von Ackerbau und Viehzucht um rund 46 % zurückgegangen. Neben Rodungen sind hierfür aber auch andere Probleme ursächlich. Saurer Regen in Folge von Luftverschmutzung beispielsweise verunreinigt die Böden und somit die Nahrungsgrundlage von Bäumen, die infolgedessen sterben. Hitze und anhaltende Dürren können weiterhin den Tod ganzer Wälder bedeuten. Sie trocknen aus oder werden durch Waldbrände vernichtet. Dass dieser Zustand immer häufiger auftritt, hat auch mit dem Klimawandel zu tun.

Seit den 1980er Jahren thematisiert der Waldzustandsbericht der Bundesregierung das hiesige Waldsterben. In den Ausgaben von 2018 und 2019 ist deutlich sichtbar, dass der Klimawandel endgültig in unseren Wäldern angekommen ist. Auch ist festzustellen, dass Bäume heute häufiger von Schädlingen befallen sind als noch vor 20 Jahren – Tendenz steigend.

Das Sterben der Wälder bedeutet für zahlreiche Tier- und Pflanzenarten den Verlust ihres Lebensraums. Wenn sie nicht unmittelbar bei den Rodungsarbeiten oder Bränden ums Leben kommen, finden sie hinterher in ihrem bisherigen Territorium keinen Unterschlupf und keine Nahrung mehr. Immer mehr Tier- und daneben Pflanzenarten sind auch deshalb aktuell vom Aussterben bedroht oder bereits ausgestorben.

Und auch auf das Klima wirkt es sich negativ aus, wenn immer mehr Bäume und Pflanzen verschwinden, die CO_2 in Sauerstoff umwandeln. Nur durch ein bewusstes Konsumverhalten und zugleich die Unterstützung von Aufforstungsprogrammen kann verhindert werden, dass mehr Bäume gerodet werden als nachwachsen können und dass schützenswerte Urwälder verschont bleiben.

2.2.4 Meere und Gewässer

Nicht ohne Grund wird die Erde auch »blauer Planet« genannt, schließlich sind rund 70 % der Erdoberfläche von Wasser bedeckt. Und dessen Aufgaben sind ebenso vielfältig wie komplex. Es ist Lebensraum für zahlreiche Pflanzen- und Tierarten sowie Mikroorganismen. Außerdem bindet es CO_2 und Methan an sich.

Was vielen Menschen gar nicht bewusst ist: Den Meeren verdanken wir mehr als die Hälfte des Sauerstoffs in unserer Luft. Genauer gesagt, dem Plankton, das in den Meeren lebt und durch Photosynthese Sauerstoff produziert. In den letzten Jahrzehnten ist jedoch ein starker Rückgang der Mikroalgen zu beobachten, die zudem eine wichtige Nahrungsquelle für Tiere wie den ohnehin schon stark bedrohten Blauwal darstellen. Schuld daran ist unter anderem die Erderwärmung, die mitunter zu einer Erwärmung der Meere und Gewässer führt.

Zudem stellt die Vermüllung der Gewässer ein großes Problem dar. Rund 10 Millionen Tonnen Plastikmüll landen jedes Jahr im Meer – das entspricht einer Lastwagenladung pro Minute. Angaben der Umweltorganisation *World Wild Fund For*

Nature (*WWF*) zufolge werden rund 800 Tierarten, die in Meeren und an den Küsten leben, davon beeinträchtigt. Regelmäßig verenden Tiere qualvoll an der Müllflut und immer mehr Menschen leiden unter deren Auswirkungen. Der *WWF* warnt ausdrücklich vor einem »Kollaps der Meere«, der nur durch aktive Müllvermeidung und fachgerechte Müllentsorgung verhindert werden kann. Würden alle Menschen einfach so weitermachen wie bisher, werde man 2050 bei nahezu allen Seevögeln Plastikteile im Magen finden, prognostiziert die Umweltschutzorganisation.

Doch nicht nur gefressene Müllteile bereiten den Tieren Probleme. Herumtreibendes Plastik beschädigt immer wieder Korallenstöcke und bringt zudem schädliche Erreger an die Riffe. In weggeworfenen oder als »verloren« geltenden Netzen und Tauen verfangen sich zudem jährlich bis zu 135.000 Meeresbewohner wie Wale, Robben und Seehunde – für die meisten ein Todesurteil. Doch nicht nur sichtbarer Plastikmüll stellt eine große Gefahr dar, sondern auch Mikroplastik, also feste, wasserunlösliche Kunststoffteile, die fünf Millimeter oder kleiner sind. Häufig werden diese in Kosmetik und ausgewählten Industrieprodukten eingesetzt. Sie können außerdem durch Zerfall oder Abrieb größerer Plastikteile, beispielsweise Reifenabrieb oder Abrieb von Fasern beim Waschen von Kleidung, entstehen und in den Wasserkreislauf gelangen.

Ebenso ein Thema, über das sich viele Menschen keine Gedanken machen, ist die (drohende) Trinkwasserknappheit. Für uns ist es hierzulande selbstverständlich, dass wir den Wasserhahn aufdrehen und Wasser in Trinkwasserqualität herausfließt. An vielen anderen Orten auf der Erde ist dies jedoch nicht der Fall.

Die *UN* warnen davor, dass bis zum Jahr 2030 bereits jeder zweite Mensch weltweit keinen ausreichenden Zugang zu sauberem Trinkwasser haben könnte. Schuld daran sind etwa der Klimawandel und damit einhergehende Dürren, aber auch die Landwirtschaft, die große Mengen Trinkwasser nutzt und damit in Konkurrenz zu Anwohnern tritt, die im Alltag auf die gleichen Quellen angewiesen sind.

Vielerorts führt der Streit um das kostbare Gut Wasser bis hin zu kriegerischen Auseinandersetzungen und kostet dadurch weiterer Menschen ihr Leben. Neben versiegten oder vereinnahmten Quellen ist das verfügbare Wasser vielerorts verunreinigt und kein öffentlicher Zugang zu Wasseraufbereitungsanlagen vorhanden.

Das Konsumverhalten in westlichen Ländern wie Deutschland spielt dabei eine nicht unerhebliche Rolle. Ein nennenswertes Beispiel ist die Textilindustrie. Nicht selten kommen Skandale ans Tageslicht: über Firmen in sogenannten Billiglohnländern, die ihre mitunter giftigen Abwässer ungefiltert in die Umwelt leiten. Chemikalien wie Bleich- und Farbstoffe stellen eine Gefahr für Menschen, aber auch Tiere und Pflanzen dar.

Doch so weit müssen wir gar nicht über unseren eigenen Tellerrand blicken, denn auch hierzulande gibt es immer häufiger lokale Trinkwasser-Engpässe – vor allem in besonders heißen Monaten – und zudem ist seit Jahren eine Verschlechterung der Wasserqualität zu beobachten. In Deutschlands Bächen und Seen sind jüngst 269 verschiedene Arzneimittelwirkstoffe oder deren Abbauprodukte nachgewiesen worden. Auch ausgewaschene Düngemittel aus der Landwirtschaft sammeln sich in Gewässern. Knapp ein Fünftel aller Grundwasser-Messstellen in Deutschland zeigen einen Nitratgehalt über dem gesetzlichen Grenzwert von 50 Milligramm pro Liter an.

Und auch, wenn unser Trinkwasser hierzulande dennoch weiterhin eine gute bis sehr gute Qualität aufweist und wir noch weit von einem »Wassernotstand« entfernt sind, wie das Umweltbundesministerium 2020 versichert hat, geht uns das Thema etwas an.

2.2.5 Tiere und Pflanzen

Neben dem Klimawandel sei das Artensterben in der Tier- und Pflanzenwelt die größte Bedrohung für unseren Planeten, warnt der *WWF*. Demnach könnten in den nächsten Jahrzehnten rund eine Million Arten aussterben. Wie erschreckend schnell das Artensterben voranschreitet, zeigt eine Berechnung des Naturschutzbundes *NABU*. Diesem zufolge verschwinden an jedem einzelnen Tag 150 Arten für immer von der Erde. Das sei laut *NABU* 1000-mal schneller als das Entstehen neuer Arten.

Als Hauptursache wird von Experten einstimmig der Mensch genannt, der für die Zerstörung von Lebensräumen und die Verschmutzung von Luft, Wasser und Boden verantwortlich gemacht wird. Außerdem ist der Mensch für die Gefährdung und Ausrottung vieler Tierarten durch Jagd und Wilderei verantwortlich. In Deutschland spiele vor allem die industrielle Landwirtschaft eine große Rolle, wenn die Schuldfrage geklärt werden solle. Nach einer Studie des Umweltbundesamtes ist die Hälfte der auf der Roten Liste stehenden Pflanzenarten aufgrund einer zu hohen Stickstoffbelastung bedroht. Und auch viele der bedrohten Insektenarten fallen der konventionellen Landwirtschaft – vor allem in Monokulturen – bzw. eingesetzten Pestiziden zum Opfer.

Doch auch das Konsumverhalten importierter Produkte müsse sich ändern. Denn hierfür werden in anderen Regionen der Erde Wälder gerodet, die Lebensräume vieler Arten sind. Auf der Roten Liste finden Sie die derzeit bekannten bedrohten Tier- und Pflanzenarten: `lucnredlist.org`. Dass das Artensterben gravierende Auswirkungen auf das gesamte Ökosystem unseres Planeten und nicht zuletzt auf unsere eigene Spezies haben kann, liegt auf der Hand und ist schon heute vielerorts zu beobachten.

Als erstes fallen den meisten Menschen hierbei vermutlich Insekten ein – denn es ist bekannt, dass viele von ihnen für die Bestäubung zahlreicher Pflanzenarten zuständig und gleichzeitig vom Aussterben bedroht sind. Ohne ihr Zutun würden keine Früchte wachsen und unsere Nahrungsmittel würden knapp. In Zahlen: 85 % aller Pflanzenarten sind von Bestäubung abhängig. Bestäubende Insekten sind für 35 % der weltweiten Nahrungsmittelproduktion mitverantwortlich. Die weltweite Bestäubungsleistung von Insekten wird auf 153 Milliarden Euro pro Jahr geschätzt.

Wer einen Garten hat, kann die emsigen Tierchen im Frühjahr beobachten und sich im Sommer über eine satte Ernte freuen. Noch. Denn schon zum aktuellen Zeitpunkt schlagen Experten Alarm: Die Biomasse von fliegenden Insekten ist zwischen 1989 und 2014 in Deutschland um mehr als 75 % zurückgegangen. Betroffen sind vor allem Schmetterlinge sowie Hautflügler, zu denen etwa Ameisen, Wespen und Bienen gehören.

Weniger präsent sind beim Thema Artensterben Tierarten wie der Elefant, der Tiger oder der Seeotter. Auch sie haben im Ökosystem wichtige Aufgaben, die nicht flächendeckend durch Menschenhand übernommen werden können. Mit ihrem Aussterben würde milde gesagt Chaos drohen.

Doch nicht nur das Aussterben von Tier- und Pflanzenarten kann das Gleichgewicht der Natur stören - auch sogenannte invasive, also gebietsfremde Arten tragen mehr und mehr zu einem Ungleichgewicht bei. Laut Bundesamt für Naturschutz können etwa 10 % der etablierten invasiven Arten naturschutzfachlich Probleme bereiten. So stehen sie etwa in Konkurrenz um Lebensraum und Ressourcen mit heimischen Arten, können diese als Fressfeinde gefährden, Krankheiten einschleppen oder selbst Parasiten sein oder Ökosystemeigenschaften negativ beeinflussen. Tiere und Pflanzen gelangen auf unterschiedlichen Wegen an Orte, an denen sie nicht heimisch sind und großen Schaden anrichten können. Meist haben Menschen ihre Finger im Spiel – direkt oder indirekt, beabsichtigt oder versehentlich.

Nicht zu vergessen in Hinblick auf Tiere ist die Massentierhaltung, die zum einen für die Tiere selbst eine Qual ist und zum anderen das Klima gefährdet. Experten der Landwirtschaftsorganisation FAO der UN haben ausgerechnet, dass 14,5 % der weltweiten durch Menschen verursachten Treibhausgasemissionen aus der Haltung und Verarbeitung von Tieren kommen. Für den Anbau von Tierfutter und für Weideland werden Wälder gerodet. Durch tierische Exkremente, die als Düngemittel eingesetzt werden, wird das Grundwasser belastet und für die Versorgung der Tiere sowie die spätere Verarbeitung werden Unmengen von Trinkwasser verwendet.

Ob sich aus diesen Gründen ein »Veggieday« im Green Office lohnt, lesen Sie in Abschnitt 4.4.7.

2.2.6 Konsequenz

Das vorangegangene Sammelsurium an Fakten ist nur die Spitze eines enormen Eisbergs, der unter der Oberfläche liegt. Recherchiert man in die Tiefe, beschäftigt man sich eingehend mit den Problemen, mit denen unser Planet wegen uns Menschen zu tun hat, dann stellt man sich die Frage »Green Office JA oder NEIN?« gar nicht erst. Dann kennt man die Antwort.

Es bleibt jedoch die Frage nach dem WIE. Und diese möchte ich im Folgenden gerne so detailliert, wie es im Rahmen dieses Buches möglich ist, beantworten. Denn wirklich jeder kann etwas Gutes für die Umwelt tun – im Kleinen wie im Großen, im Privaten wie im Beruflichen.

Kapitel 3

Los geht es – erste Schritte

3.1 Analyse: Wie nachhaltig ist mein Büro?

Handeln wir im Arbeitsalltag bereits nachhaltig oder müssen wir uns eingestehen, zur Fraktion der Ökosünder zu gehören? In welchen Bereichen besteht Verbesserungsbedarf und mit welchen Themen kennen wir uns bereits gut aus? Ehe das Projekt »Green Office« in Angriff genommen wird, sollte zunächst eine Analyse durchgeführt werden. Je größer das Büro, desto aufwendiger und langwieriger wird diese. Letztlich lohnt sie sich in jedem Fall, denn sie bildet das Fundament des Veränderungsprozesses und sollte deshalb der erste Schritt sein.

In größeren Unternehmen ist es sinnvoll, ein Nachhaltigkeitsteam zusammenzustellen, das am besten aus Mitarbeitern verschiedener Abteilungen besteht und in Kontakt zur Führungsebene steht. Gemeinsam ist man nicht nur schneller und effektiver, es macht im Team auch mehr Spaß. Bei einem ersten Treffen sollte überlegt werden, welche Bereiche die Analyse umfassen soll und ob die Verantwortung hierfür von den Teilnehmern selbst übernommen werden darf oder zunächst angefragt werden muss.

Nachhaltigkeit ist für viele Menschen ein sensibles Thema und nicht wenige fühlen sich persönlich angegriffen, wenn man ihnen ihr umweltschädliches Verhalten vorhält. Zum einen ist deshalb Feinfühligkeit gefragt, zum anderen punktet man bei manchen Kollegen aber auch mit gut recherchierten Fakten aus seriösen Quellen.

Das Nachhaltigkeitsteam sollte deshalb grundsätzlich auch offen für neue, interessierte Mitglieder sein und sich nicht als »Ökopolizei« verstehen, die andere Mitarbeiter tadelt. Vielleicht besteht die Möglichkeit, im Unternehmensblog, im Intranet oder einem internen Newsletter auf die Arbeit des Teams aufmerksam zu machen oder regelmäßig den aktuellen Fortschritt und interessante Informationen zu teilen. »Inspirieren statt missionieren« lautet das Motto.

Sollte man als Angestellter in seinem Unternehmen auf Granit beißen, wenn man Veränderungen anregen möchte, dann gibt es kleine Dinge, die jeder Einzelne für sich umsetzen kann, ohne hierfür eine Erlaubnis einholen zu müssen. Die Analyse kann also auch jeder im Kleinen für sich durchführen und überlegen, in welchen Bereichen er selbst mit gutem Beispiel vorangehen kann.

Dies gilt ebenso für Einzelunternehmer oder Freiberufler, die die Verantwortung für ihren gesamten Arbeitsalltag selbst tragen. Es sind Entscheidungen, die jeden Tag aufs Neue getroffen werden können – beginnend bei der Frage nach dem Transportmittel für den Arbeitsweg, über die Verpflegung in der Mittagspause bis hin zur richtigen Mülltrennung.

Ob im Team oder allein, ob von »oben« abgesegnet und in großem Stil oder als Vorreiter im Kleinen am eigenen Arbeitsplatz – man sollte sich zu Beginn realistische Ziele setzen und nicht versuchen, alle auf einmal umzusetzen. Wer zu hohe Erwartungen an sich selbst hat, wird schnell enttäuscht sein.

Denken wir an die guten Vorsätze, die sich viele Menschen in der Silvesternacht fürs neue Jahr setzen und in diesem Moment auch so meinen. Wie viele davon scheitern schon nach kurzer Zeit und fallen in alte Gewohnheiten zurück? Statt »Ich werde im nächsten Jahr 50 Kilogramm abnehmen« sollte der Vorsatz eines stark Übergewichtigen lieber lauten: »Ich werde bis Anfang März fünf Kilogramm abnehmen.« Die Wahrscheinlichkeit, dass dieses Etappen-Ziel erreicht wird, ist realistisch und wenn die Waage Anfang März ein Defizit von fünf Kilogramm oder mehr anzeigt, ist die Motivation, am Ball zu bleiben, umso größer.

Das Gleiche gilt für Veränderungen im Arbeitsalltag. Statt das gesamte Unternehmen von heute auf morgen auf den Kopf zu stellen, sollte auch hier in Etappen gedacht werden: »In den nächsten drei Monaten arbeiten wir eine ehrliche Analyse aus.« »In den drei folgenden Monaten beschäftigen wir uns mit dem Thema Mülltrennung.« Und so weiter.

> **Hinweis**
>
> Am Ende dieses Buches finden Sie Checklisten, die sie als Hilfe für die eigene Analyse zur Hand nehmen können.

3.2 Bewusstsein im Unternehmen schaffen

Das Thema Nachhaltigkeit liegt gerade im Trend und beschäftigt viel mehr Menschen, als man auf den ersten Blick glauben mag. Es wird also vermutlich gar nicht schwer sein, im Unternehmen Mitstreiter für die Green-Office-Challenge zu finden. Einer muss den ersten Schritt machen und die Organisation zunächst übernehmen, um sie sich im Folgenden dann mit seinen Kollegen zu teilen. Gemeinsam kann im Unternehmen ein Bewusstsein geschaffen und können auch jene erreicht, informiert und inspiriert werden, die bislang noch zu bequem waren, um sich tiefgründig mit dem Thema Nachhaltigkeit am Arbeitsplatz auseinanderzusetzen.

Gegenwind wird es im Kollegenkreis nur selten geben, denn dass sich grundlegend etwas verändern muss, um den Planeten zu erhalten, ist heute schon den meisten Menschen klar. Viele finden jedoch Gründe für ihr eigenes Handeln oder Nicht-Handeln und jeder setzt für sich andere Grenzen. Manche Menschen sind auch nicht bereit, gewisse Komfortzonen zu verlassen. Sie an die Hand zu nehmen und ihnen zu zeigen, wie einfach Umweltschutz im Büroalltag sein kann, kann zu erstaunlichen Ergebnissen führen.

Mit »an die Hand nehmen« meine ich nicht, sie in eine Richtung zu zerren – denn das kann nach hinten losgehen und zu Unmut und einem damit einhergehenden miesen Betriebsklima führen. Niemand folgt gerne einem »Öko-Diktator«, der jede Kleinigkeit kritisiert, die ihm nicht »grün genug« erscheint. Einen passionierten Fleisch-Liebhaber werden sie nicht zum (Teilzeit-)Veganer umerziehen und vielleicht müssen sie sich bei dem Vorhaben, ihm die gravierenden Auswirkungen übermäßigen Fleischkonsums zu verdeutlichen, unqualifizierte Kommentare und inhaltslose Sprüche von ihm anhören. Doch in anderen Bereichen ist er vielleicht offen für Veränderung oder geht sogar bereits vorbildlich voran.

Nehmen Sie sich nicht zu viel auf einmal vor und seien Sie nicht enttäuscht, wenn nicht jeder für ihre Idee brennt. Oft ist es sinnvoll, Mitarbeiter von externen Beratern schulen zu lassen. Eine (freiwillige) Infoveranstaltung zum Thema Nachhaltigkeit am Arbeitsplatz kann eine Möglichkeit sein, um Bewusstsein zu schaffen und auf bevorstehende Prozesse vorzubereiten, ohne Mitarbeiter gegeneinander oder gegen Entscheider aufzubringen.

3.3   Nachhaltigkeitsteam gründen

Wer ein Nachhaltigkeitsteam im Unternehmen gründen will, braucht eindeutig Mitstreiter. Vielleicht findet er im direkten Umfeld, also in der eigenen Abteilung, Interessenten, doch sinnvoll ist es, wenn das Kernteam aus Mitarbeitern unterschiedlicher Abteilungen besteht. Zum Kernteam sollten mindestens drei und maximal sieben Personen gehören.

Die Vorteile eines abteilungsübergreifenden Teams liegen auf der Hand:

- Das Know-how aus unterschiedlichen Disziplinen wird an einem Tisch gebündelt.
- Konfliktpotenziale können frühzeitig erkannt werden – durch unterschiedliche Perspektiven und Blickwinkel.
- Die Botschaft verbreitet sich über direkte Ansprechpartner im gesamten Unternehmen.
- Auf diese Weise kann ganzheitlich gedacht werden.

Ist die Personenanzahl des Kernteams überschaubar, finden sich leichter Termine, können Entscheidungen und auch Kompromisse schneller getroffen werden. Es sollte sich niemand verpflichtet fühlen, sich im Nachhaltigkeitsteam zu engagieren. Hier gilt: Freiwillige vor.

Meiner Erfahrung nach ist es (in einem klassisch strukturierten Unternehmen) sinnvoll, Mitarbeiter aus folgenden Bereichen für das Kernteam zu begeistern:

Geschäftsführung

Konkrete Maßnahmen können selten ohne das Einverständnis der Geschäftsführung umgesetzt werden. Hat man einen Entscheider mit im Boot, kommt man schneller ans Ziel und kann Ideen nicht nur auf Umsetzbarkeit prüfen, sondern auch direkt absegnen lassen. Da die Geschäftsführung meist jedoch in sehr viele Arbeiten eingebunden ist und einen ohnehin bereits vollen Terminplan hat, sollte sie ausschließlich in wichtige Meetings eingebunden und aus »Kleinkram« weitestgehend herausgehalten werden.

Personalabteilung

Über interne Strukturen wissen die Kollegen aus der Personalabteilung bestens Bescheid und können eventuell auch helfen, interne Newsletter zu platzieren, mit denen die gesamte Belegschaft erreicht werden kann.

Büromanagement/Einkauf

Eine wichtige Person für die Umsetzung der Green-Office-Challenge arbeitet im Einkauf. Diese vom Thema Nachhaltigkeit zu überzeugen und für einen bewussten Konsum zu sensibilisieren, ist nicht unerheblich. Vielleicht arbeitet hier sogar bereits jemand, der ökologische Bezugsquellen kennt, Vergleichsangebote einholen und beim Meeting einbringen kann.

Marketing

Die Kollegen aus dem Marketing oder der Öffentlichkeitsarbeit können mit ihren Ideen nicht nur Botschaften nach Außen transportieren, sondern diese sicherlich auch für die interne Kommunikation nett verpacken, um der gesamten Belegschaft Lust auf die Green-Office-Challenge zu machen. Eventuell müssen sie jedoch auch etwas gebremst werden, um nicht zu früh von den Plänen zu berichten – Stichwort Greenwashing. Das ist ein weiterer Grund, warum ein Vertreter aus diesem Bereich Teil des Kernteams sein sollte.

Repräsentanten

Nicht nur Entscheider und Abteilungsleiter sollten Teil des Kernteams sein, sondern auch »Normalos«, die letztlich die entschiedenen Maßnahmen im Büroalltag umsetzen sollen. Sie frühzeitig einzubinden ist wichtig, eröffnet neue Horizonte und kann möglichen Spannungen vorbeugen. Es soll nicht der Eindruck entstehen, dass »die da oben« sich etwas ausgedacht haben, das am Ende »das gemeine Fußvolk« auszubaden hat.

Um das Organisatorische zu bündeln, sollte aus dem Kernteam ein Projektmanager bestimmt werden. Er kann aus einer beliebigen Abteilung stammen und auch zu den »Repräsentanten« gehören. Von Vorteil ist, wenn er bereits Projektmanagement-Erfahrung hat und sich gut mit entsprechenden Tools auskennt. Doch noch wichtiger ist, dass sein Herz für das Thema Nachhaltigkeit schlägt und er bereit ist, sich die notwendigen Skills anzueignen. Zu seinen Aufgaben zählt es, Ansprechpartner zu sein, Meetings einzuberufen, Verbindlichkeit zu schaffen und die Umsetzung von Maßnahmen zu überprüfen. Gibt es im Unternehmen einen offiziellen Nachhaltigkeitsbeauftragten, kann dieser das Projektmanagement des Teams übernehmen.

Neben dem Kernteam kann es, je nach Unternehmensgröße, ein erweitertes Nachhaltigkeitsteam geben, in dem sich jeder engagiert, der Lust und Zeit hat. Während das Kernteam zu Strategie und konkreten Zielen berät und Prioritäten setzt, erarbeitet das erweiterte Team gemeinsam To-dos und verbreitet diese. Andersherum transportieren die Mitglieder des erweiterten Teams das Feedback von nicht beteiligten Kollegen zu den Entscheidern, die im Kernteam-Meeting entsprechende Punkte aufgreifen und eventuell Lösungen finden können. In manchen Unternehmen wird das erweiterte Nachhaltigkeitsteam in Untergruppen bzw. Arbeitsgruppen untergliedert. Der Informationsfluss zwischen allen Beteiligten sollte in jedem Fall stets transparent sein.

Das gerade genannte Beispiel ist freilich nicht für alle Unternehmen gleichermaßen umsetzbar. Gehen wir davon aus, dass ein Unternehmen aus weniger als 10 Mitarbeitern besteht, kann auch einfach die versammelte Mannschaft bei regelmäßigen Zusammenkünften über das Thema Nachhaltigkeit sprechen und gemeinsam eine Strategie erarbeiten.

3.4　Nachhaltigkeitsbeauftragten ernennen

Manche Unternehmen sehen sich in der Pflicht, einen offiziellen Nachhaltigkeitsbeauftragen zu ernennen oder gar eine eigene Abteilung mit Nachhaltigkeitsbeauftragen zu schaffen. Da dieses wichtige Thema jedoch abteilungs- und bereichsübergreifend behandelt und nicht isoliert werden sollte, ist das nicht immer sinnvoll.

Um die grüne DNA ins Unternehmen zu implementieren, braucht es das Fachwissen und die Zusammenarbeit unterschiedlicher Bereiche.

Versucht ein Einzelkämpfer, der vielleicht sogar erst frisch im Unternehmen eingestellt wurde, Mitarbeiter mit seinen Idealen zu überzeugen, kann das nach hinten losgehen. Ein Nachhaltigkeitsbeauftragter ist im besten Fall mit den inneren Strukturen des Unternehmens vertraut, genießt eine hohe Akzeptanz unter Kollegen und das Vertrauen der Geschäftsführung. Die Frustrationstoleranz des Nachhaltigkeitsbeauftragten sollte dennoch hoch sein und die Change-Management-Fähigkeiten ausgeprägt.

In vielen Unternehmen wird ausgehend von diesen Überlegungen der Qualitätsmanager zum Nachhaltigkeitsbeauftragten ernannt, was durchaus viele Vorteile haben kann, da in dieser Funktion viele Fäden zusammenlaufen. Auch aus den Bereichen Kommunikation, Umweltmanagement oder Personalwesen stammen viele Quereinsteiger, die solche Stellen besetzen und zeigen, dass sich keine idealtypischen Karrierewege hin zum Nachhaltigkeitsbeauftragten aufzeichnen lassen, auch wenn einige Hochschulen das Berufsbild unter dem Namen »Nachhaltigkeitsmanager« für sich entdeckt haben. Daneben gibt es zahlreiche Fortbildungsangebote für Quereinsteiger.

3.5   Internen Wettbewerb veranstalten

Zum Thema Nachhaltigkeit hat beinahe jeder Ideen. Doch sich wirklich aktiv zu engagieren, regelmäßig an Meetings teilzunehmen und diese Ideen zu realisieren, kostet Zeit und Mühe, die nicht jeder bereit ist aufzubringen. Gibt es im Unternehmen kein Nachhaltigkeitsteam und ist die Gründung eines solchen auch nicht vorgesehen oder ist das vorhandene Nachhaltigkeitsteam klein oder dessen Arbeit im Unternehmen noch unbekannt, können mit der Veranstaltung eines internen Wettbewerbs alle Kollegen temporär mit ins Boot geholt und auf das Ziel des Unternehmens, grüner zu handeln, aufmerksam gemacht werden. Der Aufwand für jeden Einzelnen ist überschaubar, sodass wohl kaum einer die Teilnahme ablehnen wird.

Den Wettbewerb muss die Geschäftsleitung initiieren, es spricht aber in der Regel nichts dagegen, wenn die Organisation von Mitarbeitern übernommen wird. Wie jeder Wettbewerb kann auch der interne Wettbewerb zum Thema Nachhaltigkeit unterschiedlich groß aufgemacht und über unterschiedliche Wege kommuniziert werden. So ist es beispielsweise denkbar, eine Rundmail an alle Mitarbeiter zu schreiben, in der zur Teilnahem am Wettbewerb eingeladen wird und in der die Regeln und möglichen Gewinne erläutert werden. Die Einreichung der Ideen erfolgt dann ausschließlich schriftlich in Form einer Antwort auf diese Mail.

Teilnehmen können entweder einzelne Mitarbeiter oder Gruppen. Nach Ablauf des Wettbewerbszeitraums wertet eine Jury – bestehend aus Mitarbeitern unterschiedlicher Abteilungen – die Ideen aus und kürt die besten Ideen, die dann wiederum per E-Mail kommuniziert und mit (umweltfreundlichen) Preisen gewürdigt werden. Wer den Wettbewerb aufwändiger gestalten will, kann eine offizielle Preisverleihung auf einem Firmen-Event einplanen. Im Idealfall sind die besten Ideen realisierbar und können im Folgenden in die Strategie aufgenommen werden.

Ein Wettbewerb kann auch in Form einer Challenge stattfinden, bei der die Mitarbeiter kollegial gegeneinander antreten und beispielsweise die Kilometer zählen, die sie in einem Jahr umweltfreundlicher als allein in einem Auto zurückgelegt haben: sei es mit Fahrgemeinschaften, öffentlichen Verkehrsmitteln, dem Fahrrad/Roller oder zu Fuß.

Wer keine Muße hat, selbst einen solchen internen Wettbewerb auf die Beine zu stellen, kann seine Mitarbeiter und Kollegen stattdessen motivieren, an einer extern veranstalteten Challenge oder Aktion teilzunehmen, beispielsweise »Mit dem Rad zur Arbeit« des *ADFC (Allgemeiner Deutscher Fahrrad-Club e.V.)* in Kooperation mit der Krankenkasse *AOK* (mit-dem-rad-zur-arbeit.de).

3.6   Mitarbeiter sensibilisieren/schulen

Auch wenn die ersten Schritte in Richtung Green Office bereits gegangen sind und (die meisten) Mitarbeiter ein Bewusstsein für das Thema Nachhaltigkeit entwickelt haben, verlaufen viele Visionen im Sande, wenn man nicht motiviert am Ball bleibt. Man darf nicht davon ausgehen, dass das Thema ein Selbstläufer ist. Mitarbeiter dauerhaft zu sensibilisieren oder sogar zu schulen, ist existenziell für die Umsetzung einer Green-Office-Strategie.

Die Geschäftsführung spielt dabei eine wichtige Rolle, denn nur wenn sie sich klar positioniert, hat das Thema genug Gewichtung. Hält sie sich stattdessen heraus und überlässt dem Nachhaltigkeitsbeauftragten oder -team die interne Kommunikation, werden Kritiker und Skeptiker vermutlich nur schwer zum Umdenken und zur Veränderung zu bewegen sein. Es muss regelmäßig deutlich gemacht werden, dass das Thema Nachhaltigkeit ab sofort in die DNA des Unternehmens implementiert und fester Bestandteil der Firmenphilosophie wird.

Es mag sein, dass dadurch in manchen Unternehmen personelle Umstrukturierungen stattfinden werden, weil sich manche Mitarbeiter nun nicht mehr mit dem Unternehmen identifizieren können, doch im gleichen Atemzug werden sich qualifizierte Bewerber melden, die das Thema Nachhaltigkeit privat bereits leben und sich dafür auch im beruflichen Umfeld gerne einsetzen wollen. Mitarbeiter können auf unterschiedlichen Wegen sensibilisiert werden: etwa durch einen Nachhaltigkeits-Newsletter, der in regelmäßigen Abständen an den internen Verteiler verschickt wird und interessantes Hintergrundwissen enthält.

Hierbei ist wichtig, dass die Themen emotional und leicht verständlich aufbereitet werden. Ein Eisbär, der einsam auf einer Eisscholle treibt, hat eine große Symbolkraft, weckt das Interesse und bleibt – verbunden mit einigen Zahlen und Fakten zum Klimawandel und der damit verbundenen Gletscherschmelze – im Kopf. Man kann sich als ungeübter Texter am besten am Wording (also der Ausdrucksweise) großer Umweltschutzorganisationen orientieren oder sogar deren Pressemitteilungen als Vorlage nutzen.

Wichtig ist es außerdem, einen direkten Bezug zu den Mitarbeitern, ihrem alltäglichen Handeln und dessen möglichen globalen Auswirkungen herzustellen und Verhaltensempfehlungen auszusprechen. Für ein Beispiel zur Erderwärmung etwa könnte man einen durchschnittlichen CO_2-Verbrauch errechnen, den Mitarbeiter auf dem Weg zur Arbeit verursachen, wenn sie hierfür das Auto nehmen. Frei nach dem Motto: »Rette die Eisbären, fahre mit dem Rad zur Arbeit!« Wenn nun noch eine Belohnung in Aussicht gestellt wird, steigt auch bei jenen die Motivation, für die ein – um bei dem oben genannten Beispiel zu bleiben – Eisbärenleben kein ausreichendes Argument für eine Verhaltensänderung ist.

Eine Belohnung könnte sein, dass ein (geringer Cent-)Betrag für jeden gesparten Kilometer bezahlt oder dass die Anschaffung eines Fahrrads gefördert wird. Außerdem kann zusätzlich auf die gesundheitlichen Vorteile aufmerksam gemacht werden, die das Radfahren mit sich bringt.

Zusammengefasst:

- Interesse wecken
- Persönlichen Bezug herstellen
- Verhaltensempfehlung aussprechen
- Belohnung in Aussicht stellen

Der größte Motivator ist für viele Menschen ein Vorbild im direkten Umfeld – also ein Kollege oder Chef, der mit gutem Beispiel vorangeht. Deshalb ist es wichtig, dass man bei der Themenplanung der internen Kommunikation authentisch bleibt und nicht der Eindruck entsteht, man würde »Wasser predigen und Wein trinken« – was etwa dann der Fall wäre, wenn der Newsletter-Absender am Tag des Eisbär-Beitrags selbst mit einem SUV auf den Firmenparkplatz fahren würde. Doch auch darüber hinaus gelingt es im Büroalltag am besten, Mitarbeiter zu sensibilisieren, indem man ihnen mit Leichtigkeit ein umweltfreundliches Verhalten vorlebt.

Schulungen, angeleitet durch den Nachhaltigkeitsbeauftragten, Vertreter des Nachhaltigkeitsteams oder einen externen Speaker, können gerade zu Beginn des

Veränderungsprozesses hilfreich sein. Wer sich der Green-Office-Challenge wirklich stellen will, wird im Büroalltag in der ersten Zeit sehr viele Dinge beachten müssen. Im Laufe der nächsten Monate werden viele Handlungen selbstverständlich.

Mit dem umweltbewussten Verhalten ist es ein bisschen wie mit dem Schwimmenlernen: Zuerst beobachtet man andere dabei und bemerkt, dass sie viel Spaß haben und es ihnen ganz leichtfällt, ihre Bahnen zu ziehen. Man ist motiviert, es selbst zu lernen. Versucht man es dann ohne Hilfestellung, droht man direkt zu ertrinken, weiß gar nicht, wohin mit Armen und Beinen, schluckt Wasser und verliert die Motivation. Hat man hingegen eine vertrauenswürdige Person an seiner Seite, die einen anleitet und zu Beginn begleitet, lernt man es innerhalb kurzer Zeit und je mehr man übt, desto leichter fällt es einem – bis man es letztlich einfach kann und nicht mehr darüber nachdenkt, welche Bewegungen einen über Wasser halten oder voranbringen.

Kapitel 4

Was jeder tun kann

Im Idealfall teilt der Arbeitgeber den Nachhaltigkeitsgedanken mit seinen Mitarbeitern und das ganze Unternehmen stellt sich vereint der Green-Office-Challenge. Doch selbst, wenn der Arbeitgeber keine Bemühungen anstellt, den Büroalltag nachhaltiger zu gestalten, kann jeder einzelne Mitarbeiter aus eigenem Antrieb heraus bestimmte Verhaltensweisen und Gewohnheiten ändern und bereits dadurch Umwelt und Klima schonen.

Das fängt auf dem Weg zur Arbeitsstätte an und zieht sich wie ein grüner Faden durch den Büroalltag. Noch ehe der Rechner hochgefahren wird, gibt es Gewohnheiten, die jeder einzelne Mitarbeiter optimieren kann. Ein Klassiker ist der Coffee-to-go auf dem Weg ins Büro. Ein Mehrwegbecher, den man sich entweder zu Hause selbst auffüllt oder unterwegs auffüllen lässt, ist eine gute Alternative (Zahlen und Fakten dazu finden Sie in Abschnitt 4.5.2.). So wird langfristig eine Menge Müll vermieden. Gleiches gilt für Umverpackungen von Backwaren. Die lassen sich einsparen, indem man eigene umweltfreundlichere Mehrwegverpackungen mitbringt. Die meisten Bäckereien haben damit kein Problem.

Wer den Weg ins Büro nicht zu Fuß bewältigen kann, sollte das Rad nehmen, ein öffentliches Verkehrsmittel nutzen oder – falls es ohne Auto gar nicht geht – eine Fahrgemeinschaft gründen. Im Büro angekommen, sollte die Treppe gegenüber dem Fahrstuhl bevorzugt werden, sofern es keine körperlichen Einschränkungen gibt, die dagegensprechen. So spart man Strom und tut seiner Gesundheit etwas Gutes.

Viele solcher vermeintlichen Kleinigkeiten summieren sich im Laufe des Tages und machen am Ende einen nicht unerheblichen Unterschied. Oft ist es in Unternehmen zu beobachten, dass eine gewisse Dynamik allein durch das Vorleben solcher Veränderungen durch einzelne Mitarbeiter entsteht. Kollegen fühlen sich dadurch motiviert und überwinden ihren inneren Schweinehund leichter. Je mehr Mitarbeiter Nachhaltigkeit im Büroalltag leben, desto größer wird der Druck auf die Geschäftsführung oder den Vorstand, sich ebenfalls mit diesem Thema auseinanderzusetzen und weitere Schritte zu ermöglichen.

4.1   Auf dem Weg ins Büro

Wie kann man möglichst umweltfreundlich mobil sein? Viele Unternehmer und deren Mitarbeiter wohnen nicht fußläufig zum Arbeitsplatz und auch Heimarbeit ist nicht in jedem Fall möglich. So stellt sich die Frage, welches Fortbewegungsmittel am umweltfreundlichsten ist. Im Ranking steht das Fahrrad ganz klar vorne, gefolgt vom Bus, Zug und erst zuletzt vom Auto – das im Idealfall von Fahrgemeinschaften genutzt wird. Welche Lösung im Einzelfall geeignet ist, hängt von diversen Faktoren ab: etwa vom Gesundheitszustand und der Fitness, im Zusammenhang damit stehend vom Thema Barrierefreiheit, von der Entfernung zwischen dem Zuhause und der Arbeitsstätte und von der Anbindung öffentlicher Verkehrsmittel.

Eine immer größere Rolle spielt für viele Menschen auch im beruflichen Alltag das Thema E-Mobilität. Diese ist für Arbeitgeber durch verschiedene Förderungen und Vergünstigungen besonders attraktiv. So sind Elektroautos als Dienstwagen beispielsweise 50 % günstiger als herkömmliche PKW, Jobtickets sind inzwischen steuerfrei und die Anschaffung von E-Bikes für Mitarbeiter wird bezuschusst.

4.1.1   Fahrrad

Für das Fahrrad sprechen neben einer positiven Klimabilanz weitere Gründe. Es ist vergleichsweise kostengünstig in Anschaffung und Unterhaltung, platzsparend und gesundheitsfördernd. Verkehrsstaus können in der Regel umfahren werden und es ist nicht mit Verspätungen oder Ausfällen zu rechnen, wie es bei öffentlichen Verkehrsmitteln oftmals der Fall ist. Angestellte, die mit dem Fahrrad zur Arbeit fahren wollen, können mit ihrem Arbeitgeber über mögliche Fördermaßnahmen sprechen, die auch dem Unternehmen zugutekommen können.

Eine sinnvolle Möglichkeit für beide Seiten ist beispielsweise ein Dienstfahrrad. Bei der Wahl des passenden Fahrrads sollten die Fitness des Mitarbeiters und die Entfernung zwischen Wohn- und Arbeitsort berücksichtigt werden. Studien zufolge fahren vor allem jene Arbeitnehmer mit dem Rad, deren Arbeitsweg fünf Kilometer nicht überschreitet. Bis zu dieser Entfernung ist ein klassisches Rad sinnvoll, darüber hinaus, bis zu einer Entfernung von 15 Kilometern, sollte über ein E-Bike als Lösung nachgedacht werden. Sportliche Mitarbeiter, die auch bei Wind und Wetter gerne draußen sind, können eine solche Strecke auch ohne E-Antrieb zurücklegen, doch sollte sich jeder vorab ehrlich beantworten, ob er zu dieser Kategorie zählt.

Die Anschaffung übernimmt, ähnlich wie bei einem Dienstwagen, der Arbeitgeber. Die Kosten kann er als Betriebsausgaben absetzen. Der Arbeitnehmer, dem das Rad exklusiv zur Verfügung gestellt wird, muss 1 % des Brutto-Listenpreises zusätzlich zu seinem Einkommen versteuern. Kostet das Rad beispielsweise 2500 Euro, zahlt er auf 25 Euro im Monat zusätzlich Steuern und Sozialversicherungsbeiträge. Je nach Einkommenshöhe wären das zwischen sechs und 15 Euro: für den Arbeitgeber eine lohnenswerte Lösung. Das Rad darf in der Regel auch privat genutzt werden, ohne dass ein geldwerter Vorteil versteuert werden muss. Der Arbeitgeber kann nicht nur die Anschaffungskosten geltend machen, sondern das Rad auch als Werbefläche nutzen – etwa, indem das Firmenlogo und die Webadresse zur Onlinepräsenz aufgeklebt werden.

Auf das Image eines Unternehmens kann es sich positiv auswirken, wenn dieses mit einer eigenen Fahrradflotte für Mitarbeiter wirbt. Um die Glaubwürdigkeit zu verstärken, können sich Arbeitgeber als »fahrradfreundlich« zertifizieren lassen, etwa beim *ADFC* Mehr als 100 Unternehmen sind dort bereits als »fahrradfreundliche Arbeitgeber« gelistet und haben ein Siegel erhalten, das EU-weit anerkannt ist und erst nach sechs Jahren erneut überprüft werden muss. Auch der *Bundesdeutsche Arbeitskreis für Umweltbewusstes Management e. V. (B.A.U.M.)* bietet mit der Zertifizierung »FAHRRAD-fit Betrieb« eine Urkunde, die zur Öffentlichkeitsarbeit genutzt werden kann. Diese wird in Gold, Silber oder Bronze ausgestellt und ist drei Jahre lang gültig. Die Preise beider Zertifizierungen sind von der Anzahl der Standorte sowie der Mitarbeiterzahl abhängig und können als Investitionen ins Marketing betrachtet werden. Kosten können Unternehmen sparen, indem sie ihren Mitarbeitern weniger Parkplätze zur Verfügung stellen. Gerade in Städten sind diese oftmals preisintensiv. Fahrräder können je nach Lage am Straßenrand oder platzsparend auf dem Firmengrundstück abgestellt werden. Sechs Fahrräder benötigen in etwa so viel Platz wie ein Auto. So kann Raum gespart oder anders genutzt und können dadurch Kosten minimiert werden.

Darüber hinaus profitieren auch Arbeitgeber von einem weiteren positiven Nebeneffekt: Mitarbeiter, die zu Fuß oder mit dem Fahrrad zur Arbeit kommen, sind durchschnittlich zwei Tage pro Jahr weniger krank als Auto- und ÖPNV-Nutzer. Das hat die Studie »Mobilität und Gesundheit« von *EcoLibro* und der *AG Mobilitätsforschung* der Universität Frankfurt aus dem Jahr 2017 ergeben: Grundsätzlich würden Mitarbeiter, die regelmäßig in Bewegung sind, konzentrierter und effektiver arbeiten, einen geringeren BMI (Body Maß Index) aufweisen und seltener dauerhaft erkranken.

4.1.2 E-Scooter

In vielen Städten kann man via App recht unkompliziert und günstig sogenannte E-Scooter, also elektronische Tretroller, ausleihen. Die Idee der meisten Anbieter war es, Autos aus den überfüllten Innenstädten zu holen. E-Scooter sind platzsparender und leiser als Autos, verbrauchen weniger Energie, verursachen weniger Emissionen und müssen in der Regel seltener repariert werden, da sie weniger Verschleißteile besitzen. Wer sein Auto, mit dem er ansonsten allein fahren würde, gegen einen E-Scooter eintauscht, kann der Umwelt damit wirklich etwas Gutes tun.

Doch die Stimmen der Kritiker sind nicht zu überhören und mit vielem haben sie nicht Unrecht. So werden E-Scooter häufig zum Spaß ausgeliehen, oder um Strecken zu bewältigen, die zuvor zu Fuß, mit dem Fahrrad oder öffentlichen Verkehrsmitteln bewältigt wurden – und sind dann keine sinnvolle Alternative. Zudem kommt es immer wieder vor, dass die Fahrzeuge in Gewässer geworfen werden, wo ihre giftigen Akkus schwere Schäden anrichten können. Häufig werden in E-Scootern Lithium-Ionen-Akkus verbaut, die Kobalt, Nickel, Kupfer, Aluminium und andere Rohstoffe enthalten, deren Abbau häufig mit Belastungen für die menschliche Gesundheit und die Umwelt einhergeht.

Da das Leihsystem meist vorsieht, dass die E-Scooter an einem beliebigen Ort abgestellt werden dürfen, werden die Fahrzeuge am Abend meist von der Anbieter-Firma eingesammelt, damit sie über Nacht wieder aufgeladen werden können. Hierfür kommen in der Regel Transportfahrzeuge zum Einsatz, die mit Benzin oder Diesel betrieben werden. Als Reaktion auf diese Kritik haben drei größere Anbieter-Firmen angekündigt, ihre E-Scooter künftig mit E-Lastenrädern und elektrisch betriebenen Transportern einsammeln zu wollen. Eine andere mögliche Lösung sind austauschbare Akkus, denn dadurch müssten nicht die kompletten E-Scooter eingesammelt werden.

4.1.3 Öffentliche Verkehrsmittel

Seit Anfang 2019 sind Jobtickets für den öffentlichen Nahverkehr steuerfrei. Der Gesetzgeber möchte mit diesem Vorteil erreichen, dass mehr Arbeitnehmer Bus und Bahn nutzen und damit die Umwelt- und Verkehrsbelastung sowie den Energieverbrauch senken. Während das Jobticket früher nur Mitarbeitern großer Firmen vorbehalten war, ist es heute bereits Bestandteil vieler Gehaltsverhandlungen. Die Neuregelung bringt Vorteile sowohl für den Arbeitgeber, der nun weniger Verwaltungsaufwand hat, als auch für den Arbeitnehmer, der mit geringeren Ausgaben rechnen darf.

Vor der Gesetzesänderung konnten Unternehmen statt Jahreskarten lediglich Monatskarten bezuschussen, die aufs Jahr gerechnet teurer sind. Nun können auch Jahreskarten bezuschusst werden. Beispiel: Die Berliner Umweltkarte kostet regulär im Monat 81 Euro und hochgerechnet aufs Jahr 972 Euro. Eine Jahreskarte jedoch bietet mit 761 Euro deutliches Sparpotenzial. Übernimmt ein Arbeitgeber beispielsweise 44 Euro monatlich (die frühere Freigrenze), musste der Arbeitnehmer bislang 37 Euro aus eigener Tasche zahlen und kam im Jahr auf 444 Euro.

Bei einer Jahreskarte muss ein Arbeitgeber nur noch 233 Euro selbst tragen, wodurch sich die Fahrt mit dem öffentlichen Nahverkehr nun auch finanziell im Vergleich zum eigenen Auto deutlich lohnen kann. Die Kosten kann der Arbeitnehmer von der Steuer absetzen, wobei der Zuschuss des Arbeitgebers angegeben werden muss. Arbeitgeber müssen den Zuschuss grundsätzlich getrennt im

Lohnkonto aufzeichnen und auch auf der Lohnsteuerbescheinigung gesondert ausweisen.

Zahlt der Arbeitgeber keinen Zuschuss, können sich Arbeitnehmer zumindest nach einem Rabatt erkundigen. Vor allem große Unternehmen haben mit den regionalen Verkehrsbetrieben oftmals Mengenrabatte ausgehandelt, sodass ihre Mitarbeiter vergünstigte Karten erhalten können. Sollte dies noch nicht geschehen sein, kann es angeregt werden.

4.1.4 Fahrgemeinschaften

Gerade in kleineren Unternehmen kommen Mitarbeiter oftmals nicht in den Genuss von Zuschüssen oder Förderungen durch den Arbeitgeber, wenn es um Mobilität geht. Das ist kein Grund, das Umweltthema zu ignorieren. Wer weder zu Fuß noch mit dem Rad oder auf eigene Kosten mit Bus oder Bahn fahren möchte oder kann, sollte sich mit seinen Kollegen besprechen und versuchen, Fahrgemeinschaften zu bilden. Aufgrund von Teilzeitarbeit oder Schichtdiensten ist dies nicht immer einfach zu realisieren und in großen Unternehmen kennt man für gewöhnlich nicht jeden Kollegen persönlich.

Einige Arbeitgeber bieten deshalb Vermittlungsbörsen. Schon eine zweite Person im Auto kann sich positiv auf die CO_2-Bilanz auswirken und schädliche Emissionen einsparen. Auch reduzieren Fahrgemeinschaften die Fahrtkosten für jeden Einzelnen sowie das Verkehrsaufkommen und erleichtern zudem die Parkplatzsuche. Wer im eigenen Kollegenkreis nicht fündig wird oder überregionale Fahrten vor sich hat, kann über spezielle Mitfahrzentralen im Internet Gleichgesinnte suchen, die einen ähnlichen Arbeitsweg haben oder privat von A nach B kommen müssen. Als Fahrer sollte man übrigens im eigenen Interesse darauf achten, dass der Mitfahrer privat haftpflichtversichert ist.

4.2 Im Umgang mit Technik

4.2.1 Energie sparen

Energie zu sparen, bringt nicht nur Vorteile für die Umwelt und das eigene grüne Image des Unternehmens, sondern kann auch eine spürbare Kostenreduktion bedeuten. Eine Erhebung des Statistischen Bundesamtes hat ergeben, dass vor allem kleine und mittelständische Unternehmen einen überdurchschnittlich hohen Energieverbrauch pro Mitarbeiter und pro Quadratmeter haben und sich vor allem für sie immense Einsparpotentiale bieten.

Unternehmen, die diese Potenziale ausschöpfen wollen, sollten sich einen Energieeffizienz-Berater einladen und sich eingehend beraten lassen. Ein günstiger Beschaffungspreis von Strom und Gas hat an der tatsächlichen Reduktion der

Energiekosten nur einen geringen Anteil. Eine entscheidende Rolle hingegen spielt die Kontrolle und Steuerung des Verbraucherverhaltens.

Für Modernisierungen und Neuanschaffungen gibt es in Deutschland Fördermöglichkeiten über die *KfW-Bank*, über die sich Unternehmen vor dem Ergreifen etwaiger Maßnahmen informieren sollten. Doch auch jene, die keine eigenen Gebäude haben, können Energie sparen. Jeder Mitarbeiter kann durch sein Verhalten einen Teil dazu beitragen und sollte deshalb entsprechend eingewiesen werden. Auf den letzten Seiten habe ich das Thema zu unterschiedlichen Bereichen des Büroalltags immer mal wieder aufgegriffen.

Im Folgenden eine übersichtliche Zusammenfassung, welche energiesparenden Maßnahmen jeder Mitarbeiter ergreifen kann:

- Elektrogeräte (wie Drucker, Kopierer, Computer oder Kaffeemaschine) nur einschalten, wenn sie verwendet werden. Danach direkt ausschalten – auch nicht im Standby-Betrieb laufen lassen.

- Energieeinstellungen am Computer optimieren (Details dazu im folgenden Abschnitt)

- Nur das Notwendigste zu drucken spart nicht nur Papier und Tinte, sondern letztlich auch Energie.

- Das Licht nur einschalten, wenn sich jemand im Raum befindet und das Tageslicht nicht ausreicht – beim Verlassen immer ausschalten.

- Jedes Grad Celsius Raumtemperatur weniger spart 6 % Energie. Die ideale Temperatur im Büro liegt bei 20 bis 22 Grad Celsius. Kollegen, die damit nicht zurechtkommen, sollten ihre Kleidung entsprechend anpassen.

- Heizung, Lüftungs- und Klimaanlagen zum Feierabend und über Wochenenden ausschalten oder deren Leistung zumindest reduzieren.

- Stoßlüften ist besser als Fenster dauerhaft gekippt zu haben. Im Winter reichen fünf Minuten aus – dabei stets die Heizung abschalten.

- Beim Zubereiten von warmen Speisen in der Teeküche immer einen zur Größe der Herdplatte passenden Topf – wenn möglich mit Deckel – verwenden bzw. in der Mikrowelle mehrere Teller gleichzeitig platzieren.

- Händewaschen mit kaltem Wasser.

Energiespartipps für die Computerarbeit

Tipp 1)

Helligkeit einstellen: Die Bildschirmhelligkeit ist mit wenigen Klicks reguliert. Ein zu heller Monitor ist nicht nur schlecht für die Augen und lässt diese schneller ermüden, er verbraucht auch mehr Strom. Spiegelnde Monitore müssen heller eingestellt werden, weshalb sie nach Möglichkeit zu vermeiden oder durch eine spezielle Folie zu mattieren sind.

Tipp 2)

Ruhemodus richtig nutzen: Wer seinen Arbeitsplatz für maximal fünf Minuten verlässt, kann den Computer unverändert angeschaltet lassen. Bei einer Abwesenheit von bis zu 15 Minuten sollte der Bildschirm, falls möglich, ausgeschaltet werden. Während der Mittagspause oder eines längeren Meetings ist es ratsam, den Ruhemodus zu aktivieren. Über Nacht oder gar am Wochenende sollte der Computer immer komplett ausgeschaltet werden. Geräte, die keinen Netzschalter besitzen und somit immer im Stand-by-Modus laufen würden, sollten an eine Steckdosenleiste angeschlossen und darüber nach dem Herunterfahren ausgeschaltet werden. Ein komplett ausgeschaltetes Gerät kann, gegenüber einem Gerät im Stand-by-Modus, zwischen 17 und 43 Kilowattstunden im Jahr einsparen.

Tipp 3)

Bildschirmschoner ausschalten: Wer erinnert sich nicht an die lustigen Fische im Korallenriff oder das tanzende Firmenlogo auf dem Monitor? Bildschirmschoner waren sinnvoll, als es noch Röhrenmonitore gab, und sollten zu dieser Zeit ein Einbrennen des Bildes verhindern. Bei der modernen Technik, die heute meist zum Einsatz kommt, haben Bildschirmschoner hingegen keinen Nutzen mehr und sind nichts weiter als unnötige Stromfresser. Sie belasten nicht nur den Monitor, sondern auch die Grafikkarte und weitere Komponenten des Computers.

Tipp 4)

Task-Manager kontrollieren: Prozesse, die unnötig im Hintergrund laufen, machen den Computer nicht nur langsamer, sondern verbrauchen auch mehr Strom. Hin und wieder sollte man deshalb den Task-Manager öffnen. Unnötige Prozesse können harmlose Programme wie Update-Dienste oder Systemtools sein, aber auch fehlerhafte Programme oder Spyware. Hat man den Übeltäter aufgespürt, sollte man ihn beenden oder – im Falle eines schadhaften Programms – entfernen.

Unter Windows rufen Sie den Task-Manager mit der Tastenkombination Strg+Shift+ESC oder mit Rechtsklick auf TASKLEISTE|TASK-MANAGER AUF. UNTER MACOS BENÖTIGEN SIE DIE TASTENKOMBINATION MacBef+MacOpt+ESC. Unter Linux können Sie Prozesse beispielsweise mit dem Befehl top anzeigen lassen und anschließend ausgewählte Prozesse beenden.

Für alle Betriebssysteme gibt es Optimierungstools. Den Autostart von Programmen kann man beispielsweise mit dem »CCleaner« (verfügbar für Windows und macOS) deaktivieren. Auch für Linux gibt es entsprechende Alternativen. Laufen keine Anwendungen, sollte die CPU-Auslastung unter 5 % betragen.

Tipp 5)

Stecker ziehen: Viele Geräte, die extern an den Computer angeschlossen wurden, wie etwa Drucker, Scanner, externe Festplatten oder sogar USB-Sticks, erhöhen den Stromverbrauch des Computers. Wenn diese Geräte gerade nicht verwendet werden, kann man den Verbindungsstecker ziehen. Die Netzstecker der Geräte können ebenfalls, wie in Tipp 2 erwähnt, in einer Steckdosenleiste vereint werden, die man zum Feierabend hin mit einem Handgriff ausschaltet. Beim Kauf sollte man sich für ein Modell mit Überspannungsschutz entscheiden, wodurch empfindliche Geräte vor Netzwerküberspannung geschützt werden können.

4.2.2 Klimakiller Internet?

Nicht nur bei der virtuellen Zusammenarbeit, auch bei typischen Büroarbeiten vor Ort ist das Internet heute unverzichtbar. Täglich werden darüber Emails versendet, zudem oft Cloudlösungen genutzt, Video-Meetings – auch mit Kunden – abgehalten oder über Suchmaschinen recherchiert. Viele Unternehmen haben außerdem eine eigene Website und sind darüber hinaus auf Social-Media-Plattformen aktiv (mehr dazu in Abschnitt 6.2). All das führt in der Summe dazu, dass das Klima enorm belastet wird. Nicht umsonst wird das Internet von Kritikern als Klimakiller bezeichnet.

Rechnungen des süddeutschen Rundfunks zufolge beträgt der Stromverbrauch für eine einzelne Google-Suche 0,3 Wattstunden. Weltweit zählt die Suchmaschine jede Sekunde rund 63.000 Anfragen, womit wir schon bei 18.900 Wattstunden wären. Am Tag liegen wir laut dieser Rechnung bei 1.633 Megawattstunden und in einem Jahr sogar bei 0,6 Terawattstunden.

Eine Alternative zu Google stellt die Suchmaschine »Ecosia« dar, die unter der Webadresse `Ecosia.org` erreichbar ist. Zwar verbrauchen auch Anfragen in dieser Suchmaschine Strom, doch findet immerhin automatisch und ohne, dass man sich hierfür registrieren oder etwas tun muss, ein Klimaausgleich statt. Das Unternehmen *Ecosia GmbH* mit Sitz in Berlin pflanzt laut eigenen Angaben Bäume in einigen der unwirtlichsten Regionen der Erde – etwa in der Wüste von Burkina Faso. Insgesamt sollen bereits 122 Millionen Bäume gepflanzt worden sein. Zudem werden die Server des Unternehmens mit Ökostrom betrieben.

Eine weitere alternative Suchmaschine ist »Gexsi«, erreichbar unter der Webadresse `Gexsi.com` und erhältlich als kostenfreie App für iOS und Android. Dahinter steckt die *Gexsi Impact UG (haftungsbeschränkt)* mit Sitz in Berlin. Das Unternehmen ist ein B Corp-zertifiziertes Social Business, dessen Geschäftsanteile zu 100 % bei der gemeinnützigen *Good Impact Foundation* liegen. Die Einnahmen, die durch bezahlte Suchmaschinenanzeigen generiert werden, werden in soziale Projekte investiert. Neben Umwelt- und Klimaschutzprojekten finden sich darunter Projekte, die sich etwa für die Bildung sozial benachteiligter Kinder einsetzen. Spezielle »grüne« Suchbedürfnisse bedienen Suchhilfen wie beispielsweise `Veggiesearch.de` für nachhaltige und vegane Produkte, für freie Jobs `Goodjobs.eu` und allgemein für nachhaltigen Konsum `Treeday.net`. Der Vollständigkeit halber möchte ich an dieser Stelle noch erwähnen, dass *Google* nach eigenen Angaben seit 2017 seinen gesamten Strombedarf, der in den eigenen Rechenzentren und Büros herrscht, vollständig mit Ökostrom deckt.

Google als alleinigen Sündenbock für den Stromverbrauch im Internet hinzustellen, wäre jedoch nicht nur deshalb, sondern grundsätzlich falsch. Denn auch wenn die eben aufgeführten Verbrauchszahlen erschreckend hoch sind, sind sie noch weit entfernt von der Gesamtsumme, die durch das Internet jedes Jahr verbraucht wird. So kommt eine schwedische Studie – die den globalen Verbrauch der gesamten ICT-Branche, also Internet und Telekommunikation, in allen Aspekten sowie die Herstellung der benötigten Produkte berücksichtigt – auf ein Ergebnis von 2.000 Terawattstunden.

Damit Sie sich unter dieser Zahl etwas vorstellen können: Das sind 10 % des weltweiten Gesamt-Stromverbrauchs. Etwa 55 Terawattstunden hat Deutschland jährlich zu verantworten. Eine weitere Studie geht davon aus, dass dieser Wert bis 2025 um weitere 20 % steigen könnte – hauptsächlich deshalb, weil immer mehr Geräte auf den Markt drängen.

Wie in so vielen Bereichen kann auch in Sachen Internetnutzung jeder Einzelne sein Verhalten überdenken und gegebenenfalls optimieren, um dadurch Umwelt und Klima nicht unnötig zu gefährden:

Tipp 1)
Nutzen Sie eine alternative Suchmaschine wie »Ecosia« oder »Gexsi« und richten Sie diese als Standard-Suchmaschine ein, wodurch Klimaschutzprojekte unterstützt werden.

Tipp 2)
Nutzen Sie einen E-Mail-Anbieter ohne Spamordner, wie etwa Posteo, der Spam ablehnt, ehe er Ihren Rechner erreichen kann. Selbst wenn Sie mit einer erhaltenen Nachricht nicht interagieren – diese also beispielsweise öffnen oder löschen – kostet sie Strom, wodurch CO_2 produziert wird. Laut einer Studie des Software-Unternehmens *McAfee* entstehen durch jede Spam-Mail durchschnittlich 0,3 g CO_2.

Tipp 3)
Melden Sie sich von Newslettern ab, die Sie nicht mehr lesen und verhindern Sie dadurch den Versand von Emails.

Tipp 4)

Löschen Sie regelmäßig – beispielsweise jeden Freitag – überflüssige Emails oder große Anhänge (auch aus dem Papierkorb) sowie Daten und Apps. Je mehr Speicherplatz Sie belegen, desto größer sind der damit in Verbindung gebrachte Energiebedarf und das dadurch verursachte CO_2.

Tipp 5)

Installieren Sie einen Werbeblocker in Ihrem Browser oder nutzen Sie »Pi-hole« (`pi-hole.net`) für Ihr gesamtes Netzwerk – dieses befreit Sie von einem Großteil des Werbetraffics.

Tipp 6)

Speichern Sie Dateien, auf die Kollegen keinen Zugriff haben müssen, nicht in der Cloud, sondern direkt auf dem Computer oder einer externen Festplatte.

Tipp 7)

Surfen und telefonieren Sie mit Ihren mobilen Endgeräten bevorzugt über eine WLAN-Verbindung, statt über mobile Netze. Für viele Aufgaben benötigt der Internetzugang auf diese Weise weniger Strom. So schonen Sie den Akku des jeweiligen Geräts und müssen diesen seltener aufladen

Tipp 8)

Nutzen Sie so selten wie möglich Streaming-Dienste. Laden Sie ihre Playlist für musikalische Unterhaltung im Büro herunter und spielen Sie diese offline ab.

4.3   Bei der virtuellen Zusammenarbeit

Das nachhaltigste Büro ist kein Büro. Unternehmen, die auf Büroräume gänzlich verzichten, sparen nicht nur erhebliche Fixkosten, sie tun auch der Umwelt etwas Gutes. Was bei Einzelunternehmern und Freiberuflern mehr Regel denn Ausnahme ist, wird auch von größeren Unternehmen immer häufiger umgesetzt oder zumindest in Erwägung gezogen und in der Theorie durchgespielt. Nun kommt es auf die Branche an – darauf, ob regelmäßiger persönlicher Kundenkontakt vor Ort stattfindet und wie die Zusammenarbeit der einzelnen Mitarbeiter, Abteilungen oder des gesamten Unternehmens funktioniert.

Nicht für alle Unternehmen ist ein kompletter Verzicht auf Büroräume eine Option. Doch das bedeutet im Umkehrschluss nicht, dass sich Unternehmen über das Thema virtuelle Zusammenarbeit nicht zu informieren brauchen. Denn das kann ebenso innerhalb des Büros eine Rolle spielen. Virtuelle Zusammenarbeit bedeutet, dass sich Mitarbeiter über digitale Tools austauschen und organisieren. Auch Absprachen mit Kunden oder Partnern können auf diese Weise erfolgen –

über zeitliche, räumliche und unternehmerische Grenzen hinaus. Selbst wenn alle Mitarbeiter täglich im Büro sitzen, kann virtuelle Zusammenarbeit sinnvoll sein, um Zeit, Geld und weitere Ressourcen sparen.

4.3.1 Remote Work

Remote Work, was auf Deutsch so viel bedeutet wie Fernarbeit, bietet zahlreiche Vorteile für Mitarbeiter und darf auch von Unternehmen als Chance betrachtet werden. Während der Corona-Pandemie sahen sich selbst zuvor skeptische Unternehmen gezwungen, ihren Mitarbeitern dieses Modell anzubieten und nach einer manchmal holprigen Findungsphase gewöhnten sich die meisten schnell an das neue Arbeitsmodell. Remote Work bedeutet, dass Mitarbeiter theoretisch von überall aus arbeiten können.

In der Praxis beschränkt sich die Wahl auf Orte, an denen es Zugang zu einer stabilen Internetverbindung gibt. Das schließt das Homeoffice mit ein, doch geht weit darüber hinaus. Mitarbeiter können quasi von überall auf der Welt aus arbeiten. Für den Traumjob muss kein Mitarbeiter dauerhaft seinen Wohnort verlegen. Er kann in seiner Heimat bleiben und in der Ferne arbeiten. Oder andersherum: fortziehen und dennoch bei seinem Arbeitgeber beschäftigt bleiben. Auch eine Weltreise kann auf diese Weise umgesetzt werden, ohne dafür ein Sabbatical (Sabbatjahr) nehmen oder einen Job kündigen zu müssen. Oder zumindest eine kurze Reise, für die kein Urlaub eingereicht werden muss – Stichwort »Workation«.

Unternehmen, die für ein solches Modell offen sind, können ihren Suchradius nach geeigneten Fachkräften erweitern und müssen diesen nicht länger auf die eigene Region oder umzugswillige Bewerber beschränken.

4.3.2 Sinnvolle Gadgets für das mobile Büro

Wer remote arbeitet, wird einige der folgenden Gadgets sicher gut gebrauchen können:

Laptop-Koffer

Ein guter Laptop-Koffer ist zwar nicht günstig, doch eine sinnvolle Investition für alle, die von unterwegs aus arbeiten oder ihren Arbeitsort häufiger wechseln. Laptop und Zubehör können darin sicher verstaut und transportiert werden. Besonders praktisch für jene, die an öffentlichen Orten arbeiten und ihren Laptop vor Blicken und Sonneneinstrahlung schützen wollen, ist eine mobile Workstation. Dabei handelt es sich um eine Transporttasche für Laptop und weitere Utensilien, die auf dem Tisch in drei Richtungen aufgeklappt und so zum Sicht- und Sonnenschutz wird. Nachhaltige Materialien finden Sie im Abschnitt 4.6.1.

WLAN-Repeater

Je nach Arbeitsort kann ein WLAN-Repeater eine sinnvolle Anschaffung sein. Ist ein dichtes WLAN-Netz vorhanden, kann darauf verzichtet werden. Andernfalls kann ein WLAN-Repeater jedoch das empfangene Signal verstärken und so für eine stabilere Verbindung sorgen.

Steckdosen-Adapter

Wer mit seinem mobilen Büro auf Reisen geht, sollte daran denken, dass Steckdosen nicht in jedem Land gleich sind, und sich bei Bedarf einen entsprechenden Adapter mitnehmen.

Powerbank

Eine Powerbank ist praktisch, wenn die Stromversorgung unterwegs nicht gesichert ist – sie lädt Smartphone, Tablet-PC und weitere Geräte (je nach Kapazität sogar mehrfach) wieder auf. Es gibt Modelle, die teilweise aus umweltfreundlicheren Materialien bestehen. Die »Woodplate Powerbank« der Marke *InLine* beispielsweise hat ein Gehäuse aus Walnussholz, ist jedoch weniger robust als speziell für den Outdoor-Einsatz konstruierte Modelle. Wer sich über einen wolkenlosen Himmel freuen kann, kann seine Powerbank über ein mobiles Solarpanel aufladen und macht sich damit noch unabhängiger von Strom aus Steckdosen.

Kopfhörer

Im mobilen Büro sind Kopfhörer ein Must-have. Wer sich für Kopfhörer mit Noise-Cancelling-Funktion entscheidet, kann sich damit außerdem von Umgebungsgeräuschen abschirmen. Vor allem an öffentlichen Orten, wie in einem Café, aber auch in einem Co-Working-Space kann diese Funktion eine wertvolle Hilfe sein, wenn man konzentriert arbeiten muss.

Laptopschloss

Man sitzt mit dem Laptop oder Tablet-PC im Café und muss nur schnell zur Toilette. Nimmt man das Gerät mit oder lässt man es stehen? Bei Variante zwei kann ein sogenanntes Laptopschloss vor Diebstahl schützen.

4.3.3 Praktische Tools

Remote Work wird in meiner Agentur bereits seit 2009 praktiziert – schon bevor ich von diesem Begriff überhaupt zum ersten Mal gehört hatte. An die Anfänge und die damit verbundenen Herausforderungen und Schwierigkeiten kann ich mich noch sehr gut erinnern und auch daran, wie viele Tools mein Team ausprobiert hat, ehe wir das für uns passende Tool-Kit zusammengestellt hatten. Doch dieses ist keine Patentlösung für jedes Unternehmen.

Deshalb finden Sie im Folgenden neben den von uns verwendeten Tools auch jeweils mögliche Alternativen. Ich möchte Sie dazu ermutigen, diese zumindest teilweise auszuprobieren. Haben Sie die für Sie und ihr Team ideale Lösung gefunden, werden Sie schnell bemerken, wie diese die Zusammenarbeit erleichtert und Zeit – und damit auch Geld – spart.

Slack

»Slack« ist für uns ein unverzichtbares Tool geworden. Das Chatprogramm ermöglicht die unkomplizierte Absprache unter Kollegen und auch einige Kunden nutzen dieses Tool inzwischen. Bei Slack können neben Einzel- auch Team- oder Projektchats eröffnet werden. Diese werden in sogenannten Channels organisiert. Haben Sie beispielsweise ein Nachhaltigkeitsteam gegründet, können Sie alle Beteiligten in einen dafür eingerichteten Channel einladen und sich dort austauschen, Links und Dateien verschicken und sogar telefonieren (mit und ohne Video). Auch können Arbeitgeber ihre gesamte Belegschaft gleichzeitig über Slack anschreiben. Gerne genutzt sind in Unternehmen neben beruflichen auch private Channels – etwa zum Thema Kinder oder Witze – und halten so den Teamgeist auch dann am Leben, wenn sich die Mitarbeiter nicht in Echt sehen. Slack ist gratis und kann entweder über den Browser oder eine App genutzt werden.

Mögliche Alternativen: Discord, Sid, Telegram, Wire, Hoccer, Microsoft Teams, Circuit, Rocket-Chat.

Zoom

Video-Meetings ersetzen heute immer häufiger Treffen vor Ort. Ob mit Mitarbeitern, Kunden oder Geschäftspartnern – dadurch können Fahrtwege und ein damit verbundener CO_2-Ausstoß vermieden werden. Ein unkompliziertes Video-Meeting-System ist »Zoom«. In der kostenfreien Version können zwei Teilnehmer unbegrenzt lange am Meeting teilnehmen. Ab drei und bis 100 Teilnehmer sind auf eine maximale Meeting-Zeit von 40 Minuten begrenzt, danach wird das Meeting automatisch aufgelöst. Wer zeitlich unbegrenzt sein oder mehr als 100 Teilnehmer einladen will, kann für rund 14 Euro im Monat oder 140 Euro im Jahr ein Abo abschließen.

Mögliche Alternativen: Skype, Microsoft Teams, IONOS Video Chat, Cisco Webex Meetings, GoToMeeting, Jitsi Meet.

Trello

Mit dem webbasierten Projektmanagement-Tool »Trello« können Projekte unkompliziert und flexibel mittels To-do-Listen organisiert werden – allein oder als Team. Häufig entdecken Mitarbeiter die Vorteile von Trello über das Berufliche hinweg für sich und nutzen das Tool nach der Arbeit auch privat, etwa um ihren Haushalt, den Urlaub oder die nächste Familienfeier zu organisieren. Trello kann über den Browser oder eine App kostenlos genutzt werden.

Mögliche Alternativen: Airtable, Asana, Avaza, Basecamp, ClickUp, Jira, Kanban-Flow, Meistertask, Microsoft Planner, Microsoft Project, Monday, Sordt, Workzone, Wrike, Zenkit.

CryptPad

Gibt es im Unternehmen Dokumente, auf die mehrere Mitarbeiter Zugriff haben und die eventuell auch von mehreren bearbeitet werden sollen, bietet sich eine web-basierte Lösung hierfür an, die das ständige hin und her Versenden von Emails unnötig macht. In Sachen Datenschutz hat das Tool »CryptPad« die Nase vorn, denn dabei handelt es sich um eine von wenigen web-basierten Lösungen mit eingebautem Datenschutz. Jedes Dokument wird zunächst verschlüsselt und erst dann an den Server weitergeleitet. Dadurch soll gewährleistet werden, dass niemand außer den ausgewählten Mitarbeitern, die den entsprechenden Schlüssel kennen, die Dokumente mitlesen oder auf sie zugreifen kann. 50 MB Speicherplatz sind kostenlos, danach kostet CryptPad zwischen fünf und 15 Euro im Monat.

Mögliche Alternativen: Etherpad, Dropbox Paper, Google Docs, OnlyOffice, Protected Text, Zoho.

Dropbox

Ich gestehe, »Dropbox« ist in meiner Agentur ein Überbleibsel aus der Anfangszeit – wir haben hierzu in all den Jahren keine Alternative ausprobiert. Ebenso wenig haben wir die vielen neuen Features (wie Dropbox Paper) ausprobiert, die Dropbox heute bietet. Wir nutzen es als reines Ablagesystem für Dokumente und Fotos, organisieren beispielsweise Redaktionsteams darüber und viele unserer Kunden nutzen Dropbox ebenfalls, was die Zusammenarbeit einfach macht. Die Business-Tarife von Dropbox kosten pro Nutzer zwischen 12 und rund 20 Euro im Monat. Dropbox kann im Browser, als Desktop-App oder als App auf dem mobilen Endgerät verwendet werden. Praktisch ist es, unterschiedliche Geräte zu synchronisieren.

Mögliche Alternativen: One Drive, Evernote, OneNote.

Toggl

Ein Tool zur Zeiterfassung ermöglicht nicht nur Arbeitgebern eine gewisse Kontrolle, sondern auch Arbeitnehmern, die im Homeoffice nicht selten unbemerkt Überstunden leisten. Um die eigene Work-Life-Balance im Blick zu behalten, ist die Verwendung eines solchen Tools deshalb auch dann ratsam, wenn der Arbeitgeber noch nicht darauf besteht oder man als Freiberufler beziehungsweise Selbstständiger arbeitet. Die Time-Tracking-App »Toggl« ist nutzerfreundlich und einfach zu bedienen und sowohl als Web-Service nutzbar, als auch für Windows, Linux, macOS, Android und iOS erhältlich. Die Basis-Version ist kostenfrei, für mehr Features zahlt man fünf US-Dollar monatlich.

Mögliche Alternativen: Chrometa, Kiamai, Officetime, Rescue Time, Timelog, Timepanic, Traxtime, Tyme.

4.4 Rund um Lebensmittel

Im Büroalltag können die eigenen Essgewohnheiten mit der Zeit zur reinen Nahrungsaufnahme verkümmern. Statt sich Pausen zu gönnen, in denen man sich ohne Ablenkung bewusst auf das Essen konzentriert, wird mal hier und mal da schnell ein Snack nebenbei vernascht, um das Hungergefühl zu stillen oder sich einen schnellen Energiekick zu verschaffen.

Auf dem Weg zur Arbeit wird schnell ein Latte Macchiato vom Bäcker geschlürft, zwischen zwei Meetings eine Fünf-Minuten-Terrine mit heißem Wasser angerührt, in der Mittagspause mit den Kollegen zum Wurstimbiss marschiert und gegen das Leistungstief am Nachmittag ein Schokoladenriegel gezückt. Nicht nur der Verpackungsmüll steigt durch ein solches Verhalten auf ein unnötig hohes Level (siehe auch Abschnitt 4.5.2), auch tut man seiner eigenen Gesundheit damit wahrlich keinen Gefallen. Nicht ohne Grund lautet ein Sprichwort: »Du bist, was du isst!«

4.4.1 Bessere Leistung durch gesunde Ernährung

Eine gesunde Ernährung ist wichtig für Körper und Geist und nur, wer sich ausgewogen ernährt, kann höchste Leistungen erbringen. Darüber sind sich Mediziner und Ernährungswissenschaftler einig. Und genau aus diesem Grund ist das Thema nicht nur für jeden einzelnen Mitarbeiter, sondern auch für Arbeitgeber interessant. Von Mitarbeitern, die nach der Schweinshaxe in der Kantine träge im Bürostuhl hängen, darf man schließlich nicht viel erwarten.

Also sollte es jedem Unternehmen ein Anliegen sein, beim Thema Essen und Trinken neben dem Aspekt der Nachhaltigkeit das Thema Gesundheit in den Fokus zu rücken. Oft greifen beide Felder ineinander. Ernährung zur Privatsache zu erklären und sich als Unternehmen vor der Verantwortung zu drücken, ist nicht ratsam. Unter Sportlern ist das Thema Ernährung zur Leistungssteigerung längst verbreitet.

Wissenschaftliche Studien zeigen, dass die körperliche Bestform allein durch eine zielgerichtete Ernährung um bis zu 15 % gesteigert werden kann. Doch nicht nur die körperliche Leistung kann durch die richtige Ernährung gesteigert werden. Auch die Konzentration und die Produktivität bei Büroarbeit können bewusst verbessert werden. »Brainfood« nennt man Lebensmittel, die genau hierfür bestens geeignet sind. Die meisten Menschen greifen intuitiv zu Kohlenhydraten und Zucker, wenn sie ein Leistungstief verspüren. Oft ist das um die Mittagszeit der Fall. Der dadurch erzeugte Energieschub ist schnell da, lässt jedoch ebenso schnell wieder nach.

Als gesunde und leistungssteigernde Snacks für zwischendurch gelten beispielsweise Beeren und Trockenfrüchte, Nüsse und Samen. Warme Mahlzeiten sollten Hülsenfrüchte, Kartoffeln, Fisch, Meeresfrüchte, mageres Fleisch und grünes Gemüse enthalten. Und unheimlich wichtig für Konzentration und Produktivität ist ausreichendes Trinken. Unternehmer sollten sich also auch aus diesem Grund überlegen, ob es nicht sinnvoll sein kann, Mitarbeitern Getränke gratis anzubieten oder sie zu motivieren, Leitungswasser zu trinken – was gleichzeitig eine umweltfreundliche Entscheidung ist.

4.4.2 Bio, saisonal, regional und fair

Schutz der Tiere

Wer tierische Produkte wie Fleisch- und Wurstwaren, Milchprodukte, Eier oder Honig konsumiert, sollte dabei auf Bioqualität achten. So wird gewährleistet, dass die Tiere ein würdevolleres Leben haben als in der konventionellen Haltung. Die Richtlinien der ökologischen Nutztierhaltung sind streng und schreiben beispielsweise vor, dass im Stall mehr Platz pro Tier zur Verfügung gestellt werden muss, genügend Auslauf gewährleistet wird, statt Dopingfutter ein zur jeweiligen Tierart passendes Öko-Futter verfüttert wird, bei Krankheiten homöopathische und naturheilkundliche Therapien bevorzugt werden und einiges mehr. Artgerecht ist auch ökologische Tierhaltung nicht, doch in der Regel ist sie zumindest tierfreundlicher als konventionelle Haltung.

Gut fürs Klima

Biolebensmittel sind aus mehreren Gründen besser fürs Klima. In der Biolandwirtschaft wird durch den Verzicht von Kunstdünger ein Drittel weniger Energie für die gleiche Menge Nahrung aufgewendet wie in der konventionellen Landwirtschaft. Zudem können Böden durch den Einsatz organischer Dünger mehr Hummus bilden, der wiederum CO_2 an sich bindet.

Keine Pestizide und Gentechnik

In der ökologischen Landwirtschaft dürfen keine synthetischen Pestizide gespritzt werden, weshalb auf Bioerzeugnissen nur selten Rückstände dieser Pflanzenschutzmittel gefunden werden. Der Verzicht von Pestiziden schont die Umwelt und die Gesundheit der Verbraucher. Auch gentechnisch veränderte Organismen (GVO) dürfen in der ökologischen Landwirtschaft nicht zum Einsatz kommen. Das gilt ebenso für Gensoja in der Tierfütterung wie für gentechnisch hergestelltes Lab in der Käserei oder auch gentechnisch veränderte Enzyme im Brötchenteig. Was viele Verbraucher nicht wissen: Diese genannten GVO-Verwendungsmöglichkeiten müssen bei konventionell hergestellten Lebensmitteln nicht gekennzeichnet werden.

Wenige Zusatzstoffe

Während bei der Herstellung von konventionellen Lebensmitteln rund 400 Stoffe erlaubt sind, die teils Allergien auslösen können, sind es bei Biolebensmitteln gerade einmal 40 Stoffe.

Guter Geschmack

Bei verarbeiteten Produkten kann man den Unterschied zwischen konventionellen und Bio-Lebensmitteln schmecken. Das liegt vor allem daran, dass Geschmacksverstärker und künstliche Aromen bei Bio-Lebensmitteln verboten sind. Deren Geschmack kommt von echten Früchten, Gewürzen und naturreinen ätherischen Ölen.

4.4.3 Das dreckige Dutzend

Jedes Jahr veröffentlicht die Aktivistengruppe *Enviromental Working Group* (EWG) eine Liste der am stärksten durch Pestizide belasteten Gemüse- und Obstsorten. Diese basiert auf Daten des Ministeriums für Landwirtschaft der Vereinigten Staaten von Amerika. Auf den ersten zwölf Plätzen, den »Dirty Dozen« (zu Deutsch »Dreckiges Dutzend«), finden sich beliebte Sorten, die auch hierzulande bei den meisten Menschen regelmäßig im Einkaufskorb landen. Diese sollten im besten Fall in Bioqualität gekauft und vor dem Verzehr ausgiebig gewaschen oder geschält werden.

Im Jahr 2020 haben die folgenden Sorten das dreckige Dutzend gebildet:

- Erdbeeren
- Spinat
- Grünkohl
- Nektarinen
- Äpfel
- Weintrauben
- Pfirsiche
- Kirschen

- Birnen
- Tomaten
- Sellerie
- Kartoffeln

4.4.4 Mit gutem Beispiel vorangehen

Gibt es im Büro kein Catering und keine Kantine, sind Mitarbeiter weitestgehend auf sich gestellt, wenn es um die Tagesverpflegung geht. Diese zu Hause vorzubereiten und in wiederverwendbaren Gefäßen mitzubringen, ist eine gute Lösung. Dabei sollten tierische Produkte im Idealfall nicht jeden Tag auf dem Speiseplan stehen (mehr zu den Hintergründen in Abschnitt 4.4.7). Das Essen nebenbei am Rechner zu sich zu nehmen, sollte wenn möglich immer vermieden werden. Eine bewusste Essenspause und ein anschließender Spaziergang sind gesünder.

Vielleicht gibt es auch die Möglichkeit, sich mit einem oder mehreren Kollegen abzuwechseln und sich gegenseitig vorgekochtes Essen von zu Hause mitzubringen. So muss man nicht jeden Tag aufs Neue kochen und spart zudem Ressourcen. Wer in der Mittagspause regelmäßig den Lieferdienst ruft oder auswärts isst, kann auch hier mit gutem Beispiel voran gehen und Anbieter ins Rennen schicken, die sich auf ökologische Speisen spezialisiert haben.

Ist es üblich, an Geburtstagen oder zwischendurch Süßigkeiten mit ins Büro zu bringen, kann man alternativ dazu gesunde Snacks anbieten. Erfahrungsgemäß freuen sich Kollegen über jede Aufmerksamkeit und nehmen auch einen bunten Obstkorb oder selbstgebackene Haferflocken-Apfel-Kekse dankend an – selbst, wenn sie vegan und zuckerfrei sind.

Nicht bei allen wird man dafür Zuspruch ernten und viele werden auch weiterhin nicht auf ihre gewohnte Currywurst in der Pause und den Schokoladenpudding vor dem Monitor verzichten, doch mit gutem Beispiel voranzugehen und andere ohne erhobenen Zeigefinger zu inspirieren, kann oft mehr bewirken, als man glaubt.

Leitungswasser

Der menschliche Körper besteht zu etwa 75 % aus Wasser und alle physiologischen Vorgänge erfordern eben dieses. Um die erwünschte Leistung, auch am Arbeitsplatz, erbringen zu können, müssen wir täglich mindestens 30 bis 40 Milliliter Wasser pro Kilogramm Körpergewicht aufnehmen – an warmen Tagen oder nach großer Anstrengung noch mehr.

Viele Arbeitgeber stellen ihren Mitarbeitern Mineralwasser kostenfrei und in unbegrenzter Menge zur Verfügung. An und für sich eine gute Sache. Doch dadurch entstehen vermeidbare Emissionen, Abfälle und Kosten. Ein Umstieg auf

Leitungswasser lohnt sich aus mehreren Gründen. Kein anderes Lebensmittel wird in Deutschland so streng kontrolliert wie unser Leitungswasser. Es ist überall im Land von guter Qualität.

Sofern im Gebäude keine Bleileitungen vorhanden sind, ist Leitungswasser der ideale Durstlöscher. Es ist immer verfügbar und unschlagbar günstig – bis zu hundertmal günstiger als Mineralwasser aus Flaschen. Im Büro können Mitarbeiter Leitungswasser in Glaskaraffen oder Glasflaschen abfüllen und mit an ihren Platz oder ins Meeting nehmen.

Wer Leitungswasser zu langweilig findet, kann diesem durch etwas Sirup (aus Glasflaschen) oder frische Früchte Geschmack verleihen, und wer Kohlensäure vermisst, kann diese durch einen Wassersprudler hinzufügen. Unternehmen können größere Wassersprudler mieten – für diesen Service findet man zahlreiche Dienstleister.

Fällt die Entscheidung trotz aller Vorteile, die für Leitungswasser sprechen, dennoch auf Mineralwasser, sollte dieses in Glasflaschen daherkommen.

Kaffee, Snacks und Co.

Neben Wasser stellen viele Unternehmen ihren Mitarbeitern Kaffee, Tee, Milch, Zucker und Snacks zur Verfügung. Beim Einkauf sollte auf Müllvermeidung geachtet werden und es sollten Produkte in zertifizierter Bio-Qualität sowie solche, die mit einem Fairtrade-Siegel gekennzeichnet sind, bevorzugt werden. Nüsse, Trockenfrüchte und frisches Obst und Gemüse sind gesunde Snacks und einzeln verpackten Keksen stets vorzuziehen.

Wer es sich einfach machen will, abonniert eine Obst-Gemüse-Kiste, die in regelmäßigen Abständen bequem ins Büro geliefert wird. Anbieter dafür gibt es in nahezu jeder Region und alternativ wird man im Internet fündig. Milch und Zucker sollte nicht in Portionsverpackungen angeboten werden – denn diese verursachen unnötig viel Müll. Alternativ bietet sich Milch in Glasflaschen an und Zucker kann, ebenso wie Kaffee und Tee, in großen Gebinden eingekauft werden. Kaffee sollte nicht in Kapseln oder Pads daherkommen, sondern als Bohnen oder gemahlen. Größere Unternehmen können sich mit Kaffee direkt aus einer Rösterei beliefern lassen, die Kaffee in wiederverwendbaren Pfandeimern zur Verfügung stellt.

4.4.5 In der Teeküche

In den meisten Bürogebäuden gibt es für die Mitarbeiter (mindestens) eine Teeküche, in der neben Tee auch Kaffee und Speisen zubereitet werden können. Ausgestattet sind die Küchen meist ganz ähnlich wie zu Hause, mit Elektrogeräten und Küchenutensilien sowie Reinigungsmitteln. Hier bieten sich viele Möglichkeiten, um nachhaltiger zu handeln. Beim Kauf von Elektrogeräten sollte bereits auf einen möglichst geringen Energieverbrauch geachtet werden. Sie sollten nicht unnötig lange eingeschaltet bleiben oder im Stand-by-Modus laufen, sondern ausgeschaltet werden, wenn sie nicht genutzt werden.

Hilfreich können auch in der Teeküche Steckdosenleisten sein, die mit einem Kippschalter vom Stromkreislauf getrennt werden können – womit gleich mehrere Elektrogeräte ausgeschaltet werden. Zumindest über Nacht und am Wochenende sollte das selbstverständlich sein. Energie sparen kann man auch mit der Wahl der passenden Kochtöpfe für die vorhandenen Herdplatten und der Verwendung von Deckeln sowie dem Kochen auf möglichst niedriger Stufe. Wer sein Essen in der Mikrowelle erwärmt, kann sich mit seinen Kollegen absprechen und mithilfe eines Teller-Etagenbetts mindestens zwei Gerichte gleichzeitig hineinstellen.

Auf Kaffee zu verzichten, ist für die meisten Menschen undenkbar – vor allem im Büroalltag. Doch wenigstens auf das Thema Müllvermeidung kann hierbei jeder achten. So sollten Kaffeemaschinen mit Einweg-Pads oder -Kapseln gemieden werden. Wer Filtermaschinen verwendet, kann ebenso gut auf Einweg-Filtertüten aus Papier verzichten und stattdessen einen wiederverwendbaren Filter benutzen, der nach der Verwendung einfach ausgekippt und mit Wasser abgebraust wird. Um den Kaffee warm zu halten, eignen sich Thermoskannen, so kann die Wärmeplatte der Maschine nach der Zubereitung ausgeschaltet werden.

Für Schwämme, Spültücher und Bürsten sowie Spülmittel gibt es inzwischen in nahezu jedem Supermarkt und auch im Großhandel nachhaltige Alternativen. Schwämme können beispielsweise aus Naturmaterialien wie der Luffagurke bestehen, Spültücher aus Baumwolle und Bürsten aus Holz und Naturborsten. Ähnliches gilt für Besen, Schrubber und sogar Müllbeutel. Und auch wer auf Küchenrollen nicht verzichten will, kann zu einer Alternative aus Recyclingpapier greifen. Noch besser ist es, stattdessen waschbare Küchentücher zu benutzen. Anstelle von Backpapier sollten im Backofen wiederverwendbare Backunterlagen, beispielsweise aus Teflon, liegen. Diese kann man einfach abwaschen – sogar in der Spülmaschine – und bei guter Pflege machen sie Einweg-Backpapier für Jahre überflüssig.

Bei selbst mitgebrachten Utensilien kann jeder Mitarbeiter für sich auf Nachhaltigkeit achten und damit ein gutes Vorbild sein. Lunchboxen und Trinkflaschen aus Edelstahl oder Glas beispielsweise sind eine gute Alternative zu den Varianten aus Plastik. Außerdem praktisch sind (Bienen-)Wachstücher als Ersatz für Frischhalte- oder Alufolie. Joghurts gibt es in Gläsern, statt Bechern zu kaufen, Snacks für zwischendurch, wie Nüsse, Weingummi oder Schokolinsen können im Unverpacktladen in mitgebrachte Gläser gefüllt werden – so entsteht auch an dieser Stelle kein Verpackungsmüll.

4.4.6 In der Kantine

Nicht immer hat man als Unternehmen Einfluss darauf, was in der Kantine angeboten wird, denn diese wird häufig von einem Pächter geführt, der seine eigenen Vorstellungen durchsetzt. Wünsche äußern und Anregungen geben kann man aber immer. Ein Punkt, der beim Thema Nachhaltigkeit in Kantinen gerne vergessen wird, ist das übrig gebliebene Essen, das in der Tonne landet.

Hierfür hat eine Gruppe findiger Dänen ein Angebot entwickelt, das auch in Deutschland mehr und mehr an Bekanntheit und Beliebtheit gewinnt: Die kostenlose App »Too Good To Go«, die sowohl für iOS- als auch Android-Betriebssysteme verfügbar ist. Kantinen können sich (neben anderen gastronomischen Betrieben) als Partner registrieren und ihre Überschüsse gegen Feierabend zu einem kleinen Preis an App-Nutzer verkaufen. Diese kommen für die Abholung in einem vereinbarten Zeitfenster vorbei und bringen oftmals eigene Gefäße mit. Weitere Informationen zu diesem Angebot gibt es auf der Website toogoodtogo.de.

4.4.7 Veggieday: (K)eine gute Idee?

»*Nichts wird die Gesundheit der Menschen und die Chance auf ein Überleben auf der Erde so steigern wie der Schritt zur vegetarischen Ernährung.*«

Was war Albert Einstein doch für ein kluger Kopf und seiner Zeit voraus. Dass tierische Lebensmittel wie Fleisch und Wurstwaren, Milchprodukte und Eier in der Produktion viel energieaufwendiger sind als Obst und Gemüse, belegen heute zahlreiche Untersuchungen.

Rechnungen der Umweltschutzorganisation *GreenPeace* zufolge werden pro Kilogramm Rindfleisch 13,3 Kilogramm CO_2 freigesetzt. Zudem werden dafür 15.000 Liter Wasser verwendet. Erschreckend ist auch der Fakt, dass rund 62 % unserer heimischen Ackerflächen für den Anbau von Tierfutter verwendet werden. Daneben importieren deutsche Landwirte jährlich fast vier Millionen Tonnen Sojabohnen und drei Millionen Tonnen Sojaschrot als Tierfutter aus Regionen wie Südamerika. Für den Anbau von Soja in Plantagen werden Urwälder – beispielsweise in Brasilien, Argentinien und Paraguay – gerodet. Monokulturen und eingesetzte Umweltgifte wie Herbizide (beispielsweise Glyphosat) haben katastrophale Auswirkungen auf Flora und Fauna und auf die Menschen, die auf den Plantagen arbeiten oder in der Nachbarschaft wohnen.

Anders als zu Einsteins Zeiten ist es heute nicht mehr außergewöhnlich oder besonders herausfordernd, sich vegetarisch oder vegan zu ernähren. Laut Angabe des Vereins *ProVeg e. V.* leben aktuell etwa acht Millionen Vegetarier und Veganer in Deutschland. Längst haben diverse Branchen mit entsprechenden Produkten und Angeboten darauf reagiert. Als Unternehmen vegetarische Alternativen in der Kantine anzubieten, gehört längst zum guten Ton. Einen verpflichtenden Veggieday für alle Mitarbeiter einzuführen, kann hingegen Proteste zur Folge haben.

Einen anderen Lösungsweg geht das internationale Unternehmen *WeWork* und gilt damit als Vorreiter, der den Veggieday von seinem Stigma befreit hat. Der Co-Working-Anbieter, der unter anderem Standorte in Deutschland hat, stellt seinen Mitarbeitern grundsätzlich frei, ob sie sich in der Kantine für ein Mittagessen mit oder ohne Fleisch entscheiden – eine Auslagenerstattung zahlt er aber nur noch für die vegetarische Variante. *WeWork*-Mitgründer Miguel McKelvey hat seine rund 6.000 Mitarbeiter per E-Mail über die neuen Richtlinien informiert und dafür viel Zuspruch bekommen.

Vielleicht lag das mit an seiner gut nachvollziehbaren und mit Fakten untermauerten Erklärung für diese Entscheidung: »Neue Studien haben gezeigt, dass der Verzicht auf Fleisch eine der wichtigsten Entscheidungen ist, die ein Mensch treffen kann, um seinen persönlichen ökologischen Fußabdruck zu verbessern«, schreibt er in seinem Statement und erklärt, dass der Verzicht sogar wichtiger sei als der Umstieg auf ein Hybridauto. Neben dieser Maßnahme würde außerdem auf künftigen Firmenevents weder rotes Fleisch noch Geflügel auf Firmenkosten serviert.

Außerdem sollen in den »Honesty Markets« – Selbstbedienungsmärkten, die in einigen der 400 Co-Working-Gebäude betrieben werden – künftig ausschließlich vegetarische Snacks angeboten werden. Ziel des Unternehmens ist es laut eigenen Angaben, bis 2023 durch den auf diese Weise angeregten Fleischverzicht etwa 63,2 Milliarden Liter Wasser und 202 Millionen Kilogramm Kohlendioxidemissionen einzusparen und 15 Millionen Tiere zu verschonen.

Etwas weniger streng und dennoch deutlich zeigt der Konzernriese *Google* seinen Mitarbeitern, was sie bevorzugt essen sollten: In seinen Betriebskantinen stehen vegane Gerichte auf der Speisekarte weiter oben als Fleischgerichte. Von einem aufgezwungenen Veggieday hingegen hält man bei *Google* nichts. In einem Interview mit *Fast Company* hat Laszlo Bock, der frühere Senior Vice President of People Operations bei *Google* erklärt: »Menschen mögen es wirklich nicht, wenn man ihnen die Wahlmöglichkeiten nimmt. Dafür sind sie wesentlich offener für Anstöße.«

Und genau diese Anstöße sind es, die alle Unternehmen ihren Mitarbeitern geben können.

Tipp

Vegane Lebensmittel sind nicht per se besser für die Umwelt als Lebensmittel tierischen Ursprungs. Vegane Produkte, die einen langen Transportweg hinter sich haben, sollten ebenso gemieden werden wie in Plastik verpackte Produkte oder solche, die Palmöl enthalten.

4.5   In Sachen Hygiene und Reinigung

Viele Büromitarbeiter blenden dieses Thema aus. Sie halten ihre eigenen Arbeitsplätze in Ordnung und fühlen sich darüber hinaus für Hygiene und Reinigung im Büro nicht verantwortlich. Selbst die Unternehmensleitung ist häufig davon überzeugt, dass der engagierte Reinigungsservice alles im Griff hat. Meist nach Feierabend der Büromitarbeiter kommen die Reinigungskräfte ins Haus und sorgen in den Räumen für Ordnung und hygienische Sauberkeit. Sie leeren die Mülleimer, saugen die Büros, wischen die Flure und das Treppenhaus, füllen die Seifenspender, Handtücher und das Toilettenpapier auf und verschwinden so lautlos, wie sie gekommen sind. Wie praktisch.

Doch weiß die Unternehmensleitung eigentlich, welche Reinigungsmittel und -utensilien zum Einsatz kommen und wie nachhaltig oder gar umweltschädlich diese sind? Können Mitarbeiter tatsächlich nichts zum Thema Hygiene und Reinigung beitragen? Wer sich der Green-Office-Challenge stellt, sollte auch diesen wichtigen Bereich nicht aussparen und sich tiefergehend damit auseinandersetzen. Denn das Thema betrifft tatsächlich alle.

Gerade bei der gewerblichen Reinigung kommen häufig aggressive Reinigungsmittel zum Einsatz, die nicht nur schädlich für Abwässer, sondern auch für die Raumluft – und somit die Gesundheit der Mitarbeiter – sein können. Eher Regel denn Ausnahme ist außerdem die Verwendung von Einwegprodukten, die eine Menge Müll verursachen.

Der Teilbereich Müll ist grundsätzlich einer, der sowohl die Unternehmensführung als auch jeden einzelnen Mitarbeiter etwas angeht. Müllvermeidung im Büroalltag und die richtige Mülltrennung werden von zu vielen Menschen noch nicht ernst genug genommen. Wie oft sieht man in Büros Mülleimer unter den Schreibtischen stehen, in denen neben Papier auch Restmüll und Biomüll landen – um nur ein Beispiel zu nennen.

4.5.1   Verhalten in den Sanitäranlagen

Das stille Örtchen bietet viele Möglichkeiten, um sich nachhaltiger zu verhalten – auch im beruflichen Umfeld. Das Nachhaltigkeitsteam des Büros kann es sich zur Aufgabe machen, einen »Öko-Toiletten-Guide« zu erstellen, der in den Sanitäranlagen aufgehängt wird. So ist es beispielsweise wichtig, dass alle Mitarbeiter wissen, was nicht in den Toiletten entsorgt werden darf. Hierzu zählen Dinge wie Feuchttücher (auch feuchtes Toilettenpapier), Heftpflaster, Damenbinden, Tampons, Asche, Zigaretten oder Essensreste.

Die Kläranlagen haben regelmäßig mit Müll zu kämpfen, der fälschlicherweise über das Abflusssystem entsorgt wird. Teilweise aus Ignoranz, häufiger aber aus Unwissenheit. Eine Aufklärung der Mitarbeiter, warum in der Toilette neben

Exkrementen lediglich Toilettenpapier landen darf, ist wichtig. Selbst bei gut ausgebildeten Mitarbeitern, denen man einen hohen IQ und eine gewisse Etikette zuspricht, ist ein korrektes Verhalten auf den Sanitäranlagen nicht unbedingt selbstverständlich.

Beim »kleinen Geschäft« kann Toilettenpapier gespart werden – ein bis zwei Blatt reichen dabei aus und im Idealfall kommt Recyclingpapier zum Einsatz. Im Anschluss sollte die Wassersparfunktion der Toilettenspülung benutzt werden. Damit können bei jedem einzelnen Gang etwa drei Liter Wasser gespart werden. Beim Händewaschen muss das Wasser nicht dauerhaft fließen, sondern kann abgestellt werden, während die Hände mit Seife eingeschäumt werden. Außerdem sollte hierfür kaltes Wasser bevorzugt werden. Zum Abtrocknen der Hände stehen in klassischen Firmentoiletten meist entweder waschbare Handtuchrollen aus Baumwolle, (Recycling-)Papierhandtücher oder elektronische Handtrockner – manchmal auch mehrere unterschiedliche Möglichkeiten – zur Verfügung.

Wirklich umweltfreundlich ist davon keine und ein verantwortungsvoller Umgang damit deshalb umso wichtiger. Wer seine Hände mit einer waschbaren Handtuchrolle trocknet, sollte diese nicht wieder und wieder herausziehen. Papierhandtücher sollten nicht verschwenderisch und ein elektronischer Handtrockner nicht mehrfach hintereinander benutzt werden. Papierhandtücher dürfen übrigens nicht im Papiermüll entsorgt werden, da sie durch Seifenreste verunreinigt sein könnten. Sie müssen deshalb in den Restmüll gegeben werden.

Wer denkt, »Was machen schon die paar Blatt Papier aus?«, sollte folgende Zahl kennen: 66.800 Tonnen Papierhandtücher werden in Deutschland jedes Jahr verbraucht – das sind 471 einzelne Papierhandtücher pro Kopf, Tendenz steigend. Abhilfe wollen Hersteller von Hochgeschwindigkeits-Händetrocknern mit ihren Geräten schaffen. Doch spielen bei deren Ökobilanz auch die Herstellung, Wartung und Entsorgung sowie die Versorgung mit Strom und dessen Quelle eine Rolle.

Tipp, speziell für Frauen

10.000 bis 17.000 Einweg-Tampons oder -Binden verbraucht eine durchschnittliche Frau in ihrem Leben. Ein großer Müllberg, der vermieden werden kann. Probieren Sie doch während Ihrer Menstruation einfach mal eine umweltfreundlichere Alternative aus. So gibt es beispielsweise Perioden-Unterhosen, waschbare Einlagen und Tampons oder die sogenannte »Menstruationstasse« – ein flexibles Gefäß aus medizinischem Silikon, das bei sorgfältiger Reinigung und Pflege bis zu zehn Jahre monatlich wiederverwendet werden kann. Und sollte das nichts für Sie sein und Sie bevorzugen weiterhin Einweg-Hygieneprodukte – werfen Sie diese bitte nie in die Toilette, sondern entsorgen Sie diese fachgerecht im Restmülleimer. Sollte nicht in jeder Kabine ein solcher bereit stehen, wenden Sie sich an Ihren Arbeitgeber.

4.5.2 Müll vermeiden und richtig trennen

Schon auf dem Weg ins Büro beginnt der Tag für viele mit vermeidbarem Müll. Sie kaufen sich eine Kleinigkeit beim Bäcker – verpackt in eine Papiertüte – und einen Coffee-to-go im Einwegbecher. Wussten Sie, dass sich die Zahl verbrauchter Coffee-to-go-Becher pro Jahr allein in Deutschland auf 2,8 Milliarden aufsummiert?

Würde man diese samt Plastikdeckel übereinanderstapeln, wäre der Turm 300.000 Kilometer hoch. Zum Vergleich: Der Mond ist von der Erde rund 384.000 Kilometer entfernt. Um diese wahnsinnig hohe Anzahl an Coffee-to-go-Bechern produzieren zu können, müssen zunächst 43.000 Bäume gefällt werden, fallen 1,5 Milliarden Liter Wasser an und werden 320 Millionen Kilowattstunden benötigt, was dem Jahresverbrauch von 32.000 Personen entspricht. Dazu kommen 1.500 Tonnen Polyethylen, 9.400 Tonnen Polystyrol sowie 22.000 Tonnen Rohöl.

Dabei wäre es doch so einfach, auf Coffee-to-go-Becher gänzlich zu verzichten, wenn sich jeder einen Mehrwegbecher von zu Hause mitbringen würde – oder direkt seinen eigenen, fair gehandelten Bio-Kaffee in einer Thermoskanne. Die Kleinigkeit vom Bäcker kann in einen von zu Hause mitgebrachten Stoffbeutel oder eine Lunchbox aus Edelstahl oder Glas gepackt oder in ein (Bienen-)Wachstuch gewickelt werden. So spart man sich die Papiertüte und dadurch nicht nur Müll, sondern ebenfalls wieder wertvolle Ressourcen, die für die Produktion verbraucht werden. Im Büroalltag geht es gerade so weiter – dabei stammt ein Großteil des vermeidbaren Mülls von Verpackungen.

Jeder einzelne Mitarbeiter kann bei sich selbst anfangen: er kann Müll vermeiden und gerade beim Thema Essen und Trinken eine Menge einsparen (mehr dazu in Abschnitt 4.4). Doch auch darüber hinaus gibt es viele Bereiche, in denen Müll vermieden werden kann (mehr dazu auch in den Abschnitten 5.1 und 5.2). Neben der Müllvermeidung ist die Mülltrennung in vielen Büros eine weitere Baustelle. Selbst Unternehmen, die bereits eine nachhaltige Arbeitskultur leben, sehen sich diesbezüglich vor eine Herausforderung gestellt.

Schaut man sich in klassisch eingerichteten Büros einmal um, entdeckt man unter nahezu jedem Schreibtisch einen Mülleimer. Dieser wird nicht von jedem Mitarbeiter als reiner Papierkorb verstanden, sondern stattdessen häufig zum Allzweckmülleimer, in dem vom Fehldruck über den leeren Joghurtbecher und die Bananenschale bis hin zur entladenen Batterie einfach alles landet, was am Arbeitsplatz nicht mehr gebraucht wird. In der Regel werden diese Mülleimer von Putzunternehmen geleert und der Inhalt landet ohne jegliche Trennung im Restmüll und letztlich in einer Müllverbrennungsanlage.

Statt ihren Mitarbeitern dieses typische Verhalten zu verübeln, sollten Unternehmen eine andere Lösung anbieten, die jedem Einzelnen das Mülltrennen im Büroalltag erleichtert. Ein Mülltrennungssystem in die Küche zu stellen, wird hierfür nicht ausreichen, denn der Mensch ist von Natur aus bequem und kaum ein Mitarbeiter wird für jede Kleinigkeit durch das halbe Gebäude laufen wollen.

Doch Mülltrennungssysteme gibt es auch im Kleinformat und so können hiervon mehrere eingerichtet werden – nicht unter jedem Schreibtisch, aber zumindest in jedem Büroraum oder Teilflur. Neben einer gelben Tonne für Plastikmüll, einer braunen für Biomüll, einer grauen für Restmüll und einer blauen für Papiermüll sollte es Sammelbehältnisse für Batterien und Sondermüll wie Leuchtmittel und leere Druckerpatronen geben.

Außerdem sollten Mitarbeiter darüber informiert werden, wo Fehldrucke gesammelt werden – die noch für Notizen verwendet werden können. Auch sollte es eine zentrale Sammelstelle für Verpackungsmaterialien geben, die ebenfalls wiederverwendet werden können.

Eine tolle ergänzende Idee für organische Abfälle, wie Gemüse- und Obstschalen oder Essensreste, ist eine sogenannte Wurmkiste. Nähere Informationen dazu gibt es in Abschnitt 8.1.4.

Auch im Außenbereich, etwa vor dem Haupteingang, auf der Dachterrasse oder im Garten, sollte es einfache Möglichkeiten zur Mülltrennung geben und nicht Mülleimer für alles. Auch ein separater Aschenbecher für Zigarettenstummel oder das Verteilen von Taschenaschenbechern an rauchende Mitarbeiter sind sinnvolle Maßnahmen, wenn man folgende Zahlen kennt: Jeden Tag werden weltweit 15 Milliarden Zigaretten geraucht und davon landen 10 Milliarden in der Umwelt.

> **Hinweis**
>
> Am Ende dieses Buches (im Anhang A) finden Sie eine praktische Mülltrenn-Tabelle. Diese können Sie außerdem von www.mitp.de/0523 als Druckvorlage herunterladen und in ihrem Büro für alle Mitarbeiter gut sichtbar aufhängen. Bitte beachten Sie, dass es regionale Unterschiede geben kann, und fragen Sie bei Unklarheiten im Einzelfall bei Ihrem zuständigen Abfallentsorger nach.

4.5.3 Ökologische Reinigung

Die Nachfrage nach einer ökologischen Reinigung von Gewerberäumen steigt seit Jahren, wie etliche professionelle Reinigungsunternehmen berichten. Bei der klassischen Büroreinigung kommen konventionelle Reinigungsmittel zum Einsatz, die oft auf Erdöl basieren, synthetische Zusätze und ätzende Stoffe enthalten, die ins Abwassersystem gelangen und die Umwelt negativ beeinflussen können.

Für die Mitarbeiter der Reinigungsunternehmen, die im ständigen Kontakt mit den Reinigungsmitteln stehen, aber auch für die Angestellten im Büro können scharfe Chemiereiniger zur gesundheitlichen Gefahr werden, denn einige der typischen Bestandteile stehen im Verdacht, Allergien und Unverträglichkeiten zu begünstigen, Schleimhäute auszutrocknen und Ausschläge zu verursachen.

Bei der ökologischen Reinigung werden Reinigungsmittel verwendet, die die Umwelt nachweislich schonen, mit Siegeln zertifiziert wurden, zu 99,9 % biologisch abbaubar und oftmals vegan sind. Professionelle Reinigungsunternehmen, die eine ökologische Reinigung anbieten, schulen ihr Personal im reflektierten Umgang und der Dosierung von Reinigungsmitteln und führen regelmäßige Verbrauchskontrollen durch. Arbeitsmaterialien rund um die ökologische Reinigung, also etwa Tücher und Schwämme, Müllbeutel und Toilettenpapier, bestehen aus biologisch abbaubaren oder recycelten Materialien.

Reinigungsunternehmen, die sich auf diese Sparte spezialisiert haben, haben außerdem im Hintergrund ihre Arbeitsprozesse optimiert und etwa ihre Tourenplanung bewusst so angelegt, dass so wenig CO_2 wie möglich verursacht wird. In Sachen Sauberkeit und Hygiene müssen bei der ökologischen Reinigung keine Abstriche gemacht werden und auch die Kosten sind nicht zwangsläufig höher – allerdings lohnt es sich, Vergleichsangebote einzuholen, denn manche Firmen lassen sich allein das grüne Image etwas kosten.

Wer die Büroreinigung selbst übernimmt, muss sich etwas tiefer in die Thematik einarbeiten. Hier ist als erster Schritt – wie in vielen Bereichen – die Analyse des Ist-Zustands ein sinnvoller erster Schritt. Um sich selbst vor Augen zu führen, wie die bisherige Reinigung ablief, sollten alle vorhandenen Reinigungsmittel und Arbeitsmaterialien gesammelt und präsent auf einem Tisch ausgebreitet werden. Typischerweise fällt dabei auf, dass ein buntes Potpourri an verschiedenen Reinigungsmitteln vorhanden ist.

Die Klassiker: Spülmittel, Spülmaschinentabs, Klarspüler, Spülmaschinensalz, (verschiedene) Bodenreiniger, Allzweckreiniger, Glasreiniger, Badreiniger, Toilettenreiniger, Kalkentferner, Scheuermilch und Spezialreiniger – etwa für Teppiche, Cerankochfelder, Backöfen, Edelstahlflächen, verstopfte Rohre und weitere. Beliebt sind daneben Einwegprodukte wie feuchte Bodentücher und Allzwecktücher, antistatische Tücher und Staubwedel, die meist in Kombination mit einem speziell dafür vorgesehenen Plastik-Halter verwendet werden.

Auf dem Tisch zur Bestandsaufnahme liegen nun vermutlich auch verschiedene Schwämme, Tücher, Feudel, Lappen und Bürsten, Plastik-Müllsäcke in unterschiedlichen Größen, Staubsaugerbeutel und Gummihandschuhe, eventuell auch antibakterielle Hygienesprays und -tücher sowie Klosteine. Mitgedacht sind Putzeimer, Besen, Kehrbleche, Schrubber, Toilettenbürsten und weitere Hilfsmittel.

Im nächsten Schritt werden die Utensilien in zwei Bereiche unterteilt: In einem Bereich stehen und liegen vermeintlich unverzichtbare Dinge und in dem anderen jene, die man definitiv nicht unbedingt braucht. Nun sieht man sich die vermeintlich unverzichtbaren Dinge an und überlegt, ob es hierfür ökologische Alternativen gibt. Viele Dinge bestehen aus Plastik, hierbei gibt es meist Varianten aus Holz oder Metall – etwa bei Bürsten, Besen und Co.

DIY-Allzweckreiniger

Allzweckreiniger für alle gängigen Oberflächen im Büro und der Teeküche kann man aus wenigen Zutaten einfach selbst herstellen. Das hat mehrere Vorteile. Es schont die Umwelt, spart Geld und Lagerplatz und hat keine negativen Auswirkungen auf die Gesundheit von Mitarbeitern (und mitgebrachten Hunden oder Kindern). Im Internet findet man etliche Rezepte zur Herstellung von Reinigungsmitteln und es lohnt sich, verschiedene auszuprobieren. Mit den Folgenden haben wir in unserem Büro gute Erfahrungen gemacht.

Natronreiniger

Dieser einfache Allzweckreiniger ist für verschmutzte Oberflächen in Büro, Teeküche und Sanitäranlagen ebenso wie für viele Bodenbeläge geeignet.

Zutaten:

- 1 TL geriebene Kernseife (palmölfrei)
- 200 ml warmes Leitungswasser
- 1 TL Natron
- 1 TL Zitronensaft
- 3 Tropfen ätherisches Öl (z. B. Lavendel oder Teebaum, diese haben antibakterielle und antivirale Eigenschaften)
- 1 leere Sprühflasche

Zubereitung:

1. Die geriebene Kernseife in eine Rührschüssel geben, mit dem warmen Wasser aufgießen und mit einem Schneebesen so lange verrühren, bis sich die Seife vollständig aufgelöst hat.
2. Die restlichen Zutaten unter ständigem Rühren nach und nach hinzugeben.
3. Vollständig abkühlen lassen, dann in die Sprühflasche füllen.
4. Der Natron-Reiniger ist nun einsatzbereit. Vor jeder Anwendung kräftig schütteln, dann auf die verschmutzte Oberfläche aufsprühen und mit einem Schwamm oder Lappen nachwischen.

Essigreiniger

Essig wirkt gut gegen Kalk, ist aber auch bei anderen Verschmutzungen von Oberflächen und einigen Bodenbelägen eine gute Alternative zu scharfen Chemiekeulen.

Zutaten:

- 500 ml klarer Haushaltsessig
- 250 ml Leitungswasser
- 1 leere Sprühflasche

Zubereitung:

1. Den klaren Haushaltsessig und das Leitungswasser in die Sprühflasche gießen, diese zuschrauben und kräftig schütteln.
2. Schon ist der Essig-Reiniger einsatzbereit. Einfach auf die verschmutzte Oberfläche aufsprühen und mit einem Schwamm oder Lappen nachwischen.

Hinweis: Der beißende Essiggeruch verfliegt nach kurzer Zeit.

4.6   Bei der Wahl der Kleidung

Ich habe mir noch nie viel aus Mode gemacht. Neulich ist mir dann aber der knallbunte Pullover meiner Freundin, die als Lehrerin arbeitet, aufgefallen. Sie war sichtbar froh, dass ich sie darauf angesprochen habe, denn so konnte sie mir ganz beiläufig erzählen, dass das hübsche Teil von einem Fair-Fashion-Label stammt. Im weiteren Gesprächsverlauf hat sie erklärt, dass sie bewusst ein extravagantes Design ausgewählt hat, um von möglichst vielen Menschen darauf angesprochen zu werden. Sie trage schon seit Jahren Fair Fashion, aber meist so unauffällige, dass ihre Vorbildfunktion nicht erkennbar würde.

Dass sie mit ihren Schülern auf diese Weise ohne erhobenen Zeigefinger über ein wichtiges Thema sprechen und auch andere Menschen in ihrem Umfeld zum Nachdenken anregen kann, finde ich eine tolle Idee. Und diese lässt sich ganz einfach aufs Büro übertragen. Hier sind es die Kollegen, die wir inspirieren können, wenn wir selbst mit gutem Beispiel voran gehen. Der bewusste Konsum von und der Umgang mit Kleidung sind ein wertvoller Beitrag zum Umwelt- und Klimaschutz.

4.6.1   Green (Office) Fashion

Wussten Sie, dass sich die weltweite Textilproduktion seit dem Jahr 2000 verdoppelt hat? Rund 80 Milliarden neue Kleidungsstücke werden jedes Jahr hergestellt und davon landen etwa 86 % auf Mülldeponien, lediglich 1 % wird recycelt. Der deutsche Durchschnittsbürger trägt daran eine nicht kleinzuredende Mitschuld – denn er kauft sich 60 neue Kleidungsstücke im Jahr, die nach drei Jahren schon auf dem Müll landet. Etwa 40 % der gekauften Kleidungsstücke werden in diesem Zeitraum nicht ein einziges Mal getragen. Wer das weiß, wundert sich wohl kaum noch über das Ergebnis einer Studie aus dem Jahr 2016, das besagt, dass die Textilindustrie für fünf bis 10 % der weltweiten Umweltverschmutzung und rund 8 % der Klimaauswirkungen verantwortlich ist.

Leider noch immer keine Ausnahme sind zudem Kinder- und Zwangsarbeit und grundsätzlich ausbeuterische und gesundheitsgefährdende Arbeitsbedingungen in den Produktionsländern herkömmlicher Modelabels. Und dabei muss man nicht einmal in die Ferne schweifen. Auch in europäischen Produktionsstätten können die Zustände vollkommen inakzeptabel sein.

Einen kleinen Trost nach diesen traurigen Zahlen und Fakten liefert ein Umfrage-Ergebnis des Bundesministeriums für wirtschaftliche Zusammenarbeit und Entwicklung: Demnach seien drei Viertel der Verbraucher an nachhaltiger und somit umwelt- und klimaschonenderer Mode interessiert und bereit, dafür mehr Geld auszugeben. Doch was macht nachhaltige Mode eigentlich aus und wie erkennt man sie?

Heutzutage ist es ganz einfach, nachhaltige Kleidung zu kaufen. Den Eindruck bekommt man zumindest, wenn man durch herkömmliche Läden wie *H&M*, *C&A* oder *Primark* schlendert. Alle werben damit, Umweltschutz zu betreiben. Die einen sammeln getragene Kleidung und geben dann Prozente auf den Neuerwerb. Die anderen heben hervor, dass sie Kleidung aus Bio-Baumwolle im Sortiment haben. Doch Bio-Baumwolle allein macht noch keine Fair Fashion aus. Auch wenn natürliche Materialien absolut zu begrüßen sind, da sie nicht nur in Punkto Umweltschutz, sondern auch in Sachen Hautverträglichkeit oftmals besser abschneiden, sollten die Produktionsbedingungen immer transparent sein.

Denn für Arbeiter, die unter menschenunwürdigen Bedingungen schuften, ist das verwendete Material zweitrangig. Manche der großen Ketten machen schon einiges richtig, bei anderen wird lediglich Greenwashing im großen Stil betrieben. Konsumenten lassen sich davon allzu gern blenden, denn wer einen Blick hinter die Kulissen wagen würde, müsste vielleicht erkennen, dass das eigene Konsumverhalten schädlich ist.

Die Auseinandersetzung mit den eigenen Fehlbarkeiten ist unbequem. Doch bei weitem nicht so unbequem wie das, was Arbeitern in Billiglohnländern tagtäglich widerfährt. Klicken Sie sich bei Gelegenheit einmal durch die investigativen Recherche-Ergebnisse auf der Website saubere-kleidung.de oder schauen Sie sich die ZDF-Doku »Gift auf unserer Haut« oder die Doku »Dirty Fashion« an.

Wer keine Lust auf eine aufwändige Recherche hat und dennoch mit gutem Gewissen shoppen will, sollte auf spezielle nachhaltige Modegeschäfte oder Onlineshops vertrauen. Diese nehmen ihre Lieferanten ganz genau unter die Lupe, ehe sie deren Produkte anbieten. In jeder größeren Stadt gibt es im Einzelhandel Anbieter, die sich auf grüne Mode spezialisiert haben. Einige Shops wie *Hess Natur* oder *Grüne Erde* sind in mehreren deutschen Städten und online vertreten. Online haben sich in den letzten Jahren außerdem `Glore.de`, `Greenality.de`, `Avocadostore.de` und einige mehr etabliert.

Hinweis

Die gängigsten Textil-Siegel, denen man als Verbraucher in der Regel trauen darf, sind in Abschnitt A.4 erläutert.

Tipps für einen grünen (Business-)Look

- Abgetragene Schuhe vom Schuster neu besohlen lassen.

- Kaputte Kleidung reparieren lassen: Egal, ob Knöpfe fehlen, Reißverschlüsse haken, Löcher im Stoff sind oder der Saum ausgefranst ist – ein erfahrener Schneider findet für jedes Problem eine Lösung.

- Hartnäckige Flecken in einer Wäscherei entfernen lassen oder Kleidung neu einfärben.

- Kleidung tauschen: In vielen Städten gibt es Kleidertausch-Veranstaltungen oder Secondhand-Läden, in denen man Kleidung mit Kleidung statt mit Bargeld bezahlen kann.

- Gebraucht kaufen: Auf dem Flohmarkt oder speziellen Kleidermarkt, im Secondhand-Laden vor Ort, über ein Kleinanzeigenportal wie »eBay Kleinanzeigen« oder eine App wie »Vinted«.

- Kleidung leihen: Nicht nur im privaten Umfeld kann man sich hin und wieder ein Kleidungsstück ausleihen. Es gibt auch gewerbliche Anbieter, bei denen man sich – entweder zu einem bestimmten Anlass oder regelmäßig für den Alltag – Kleidung leihen kann. Diese wird nach Hause geliefert. Ein junges Unternehmen, das verschiedene Leasing-Modelle anbietet und nachhaltige Brands im Sortiment hat, ist *unown* (`unown-fashion.com`). Neue Kleidung und Accessoires immer aus nachhaltigen Materialien und von Fair-Fashion-Labels kaufen. Dabei sollten Sie auch auf Nachhaltigkeitssiegel achten.

4.6.2 Nachhaltige Materialien

Bei den vielen verschiedenen Materialien, aus denen Kleidung und Accessoires hergestellt werden, den Überblick zu behalten, ist gar nicht so einfach. Viele Materialien wirken auf den ersten Blick nachhaltig und können dennoch umweltschädlich oder unter schlechten Arbeitsbedingungen produziert worden sein. Baumwolle beispielsweise wird von vielen Konsumenten als natürlich wahrgenommen und ja, Baumwolle ist ein in der Natur vorkommender Rohstoff.

Doch was vielen nicht bewusst ist: Für den herkömmlichen Anbau von Baumwolle werden Regenwälder gerodet, Unmengen an Wasser verbraucht (für ein Kilogramm konventionelle Baumwolle werden etwa 11.000 Liter Wasser benötigt), giftige Pestizide und Insektizide eingesetzt und oftmals Arbeiter ausgebeutet. Wer die positiven Eigenschaften des Materials Baumwolle schätzt, sollte beim Kauf unbedingt darauf achten, dass es sich zu 100 % um ein Bio-zertifiziertes und fair gehandeltes Produkt handelt. Auch beim Kauf von tierischer Wolle, Seide oder Leinen – drei weiteren natürlichen Produkten – gibt es einiges zu beachten, wenn man ein wirklich nachhaltiges Produkt haben möchte.

Problematisch sind außerdem chemische Fasern, die aus Erdöl hergestellt werden, wie beispielsweise Polyester. Laut der Umweltschutzorganisation Greenpeace enthält weltweit 60 % der Kleidung Polyester. Beim Waschen lösen sich feine Fasern als sogenanntes Mikroplastik und gelangen in den Wasserkreislauf. Warum Plastik, auch Mikroplastik, für unseren Planeten ein so großes Problem darstellt, wird in diesem Buch an mehreren Stellen thematisiert (etwa in Abschnitt 2.2.4 oder in Abschnitt 5.1).

Wer Kleidung aus nachhaltigen Materialien tragen will, sollte sich in den Kollektionen von Fair-Fashion-Labels umsehen und zusätzlich beim Kauf auf Gütesiegel wie das bekannte Fairtrade-Siegel oder das noch junge staatliche Siegel »Grüner Knopf« achten.

Bio-Baumwolle

Auf den ersten Blick unterscheiden sich biologisch und konventionell angebaute Baumwolle nicht voneinander. Beide punkten mit positiven Eigenschaften: Sie sind leicht im Gewicht und pflegeleicht, widerstandsfähig, Temperatur- und Feuchtigkeitsregulierend, saugfähig, atmungsaktiv, weich und hautfreundlich sowie vegan und außerdem biologisch abbaubar. Der nachwachsende Rohstoff Baumwolle erfreut sich in der Textilindustrie großer Beliebtheit und wird von Konsumenten oft nachgefragt – nicht selten vor dem Hintergrund der Nachhaltigkeit.

Doch beim Anbau und der Verarbeitung gibt es erhebliche Unterschiede für die Umwelt und die am Produktionsprozess beteiligten Arbeiter, die keinesfalls zu ignorieren sind. Kennt man diese Unterschiede, fällt die Entscheidung nicht schwer und dann ist Bio-Baumwolle die einzig richtige Wahl. So wird beim Anbau von Bio-Baumwolle bei jedem Schritt auf den Einsatz synthetischer Pflanzenschutzmittel, Kunstdünger und Agrargifte verzichtet. Zudem werden große Mengen an Wasser eingespart.

Bio-Schurwolle

Schurwolle stammt von lebenden Schafen, deren Fell in regelmäßigen Abständen geschoren wird. Die Fasern sind natürlich und bestehen hauptsächlich aus Eiweiß. Sie haben allerhand positive Eigenschaften: Beispielsweise ist Schafwolle temperaturregulierend, schmutzabweisend und antibakteriell. Je nach Weiterverarbeitung können Produkte aus Schurwolle atmungsaktiv, robust und langlebig sein. Die Qualität kann sich unterscheiden, beispielsweise gibt es besondere Feinwoll-Schafrassen wie das Merino-Schaf, dessen Wolle besonders weich und angenehm auf der Haut ist. Beim Kauf von Produkten aus Schurwolle sollte immer auf das Herkunftsland sowie ein Biosiegel und die Kennzeichnung als »mulesingfrei« geachtet werden, um eine artgerechtere Tierhaltung zu unterstützen. Schafen wird beim Mulesing ohne Betäubung die Haut rund um den Schwanz entfernt, um einem Befall mit Fliegenmaden (Myiasis) vorzubeugen. Dieses Verfahren ist sehr umstritten und wird von Tierschutzorganisationen wie *PETA* strikt abgelehnt.

Bio-Leinen

Bereits seit mehr als 6.000 Jahren stellen Menschen Kleidungsstücke aus Leinen her. Leinen ist ein Stoff aus der Flachspflanze und gilt als besonders robustes Material. Inzwischen gibt es neben Kleidung auch allerhand andere Produkte aus Leinen, wie Küchen- und Wohntextilien. Leinen ist ein natürliches und zudem veganes Material mit zahlreichen positiven Eigenschaften. Vor allem im Sommer schätzen viele Menschen den kühlenden Effekt und tragen auch während der Büroarbeit gern Hemden, Hosen, Overalls, Röcke oder Kleider aus Leinen.

Aber auch seine antibakteriellen und schmutzabweisenden Eigenschaften punkten bei vielen. Aufgrund der aufwändigen Verarbeitung von der Flachspflanze hin zum Stoff sind Produkte aus Leinen meist höherpreisig. Dafür verzeiht dieses Material vieles und gilt als langlebig sowie kompostierbar, was seine gute Ökobilanz erklärt.

Leinen knittert recht schnell, doch das ist in diesem Ausnahmefall nichts Negatives. Man spricht sogar von »Edelknitter«, der bei Leinenkleidung erwünscht ist und die Optik abrundet. Leinen aus kontrolliert biologischem Anbau sollte bevorzugt werden, weil so gewährleistet wird, dass einige festgelegte Anforderungen erfüllt werden, etwa der Verzicht auf genmanipulierte Organismen, chemische Pflanzenschutzmittel oder Pestizide.

Recyceltes Polyester/Polyamid

Aufgrund seiner wasser- und windabweisenden Eigenschaften kommen Polyester und Polyamid häufig bei der Herstellung von Outdoorkleidung zum Einsatz. Wer auf dem Weg ins Büro bei Regenwetter nicht nass werden will, greift sicher gern zu einer Regenjacke oder sogar Regenhose, wenn er mit dem Rad unterwegs ist.

Bei der Wahl der Kleidungsstücke aus diesem künstlich hergestellten Material, sollte zumindest darauf geachtet werden, dass es sich um eine Recycling-Variante handelt. Dabei werden PET-Flaschen, Fischernetze oder Überschüsse aus Faser- und Garnproduktionen verwendet. Durch das Recycling sinkt der Energieverbrauch bei der Produktion und somit die Abhängigkeit von fossilen Energiestoffträgern. Beim Kauf gibt die GRS-Zertifizierung Orientierung. Dadurch sind die Ermittlung des Ausgangsmaterials sowie die prozentuale Berechnung des Recyclinganteils möglich.

ECONYL®

Bei Econyl® handelt es sich um regeneriertes Nylon, aus dem beispielsweise Strümpfe und Strumpfhosen, aber auch Unterwäsche gefertigt werden. Dieses Material ist zwar erst 2011 von einem italienischen Unternehmer entwickelt worden, hat aber in den vergangenen Jahren bereits eine Erfolgsgeschichte hingelegt und ist mehrfach ausgezeichnet worden – es gilt als besonders umweltfreundlich, da als Grundlage Abfälle wie Fischernetze, Teppiche und Stoffreste dienen, die recycelt werden. Das auf diese Weise hergestellte Nylon ist glatt, weich und hautschmeichelnd, außerdem schnell trocknend. Econyl® ist recycelbar und kann dem Kreislauf wieder zugeführt werden.

SeaCell™

Seinen Namen hat dieses Material nicht ohne Grund. SeaCell™ ist eine Faser, die aus Cellulose und Algen hergestellt wird, genauer gesagt aus Braunalgen aus isländischen Fjorden. Diese werden getrocknet, zerkleinert, gemahlen und dann in Cellulosefasern eingebunden. SeaCell™ wird von der Firma *Smartfiber AG* hergestellt, die die Algen – eigenen Angaben zufolge – auf besonders schonende Weise erntet. Dabei soll der regenerative Teil der Alge von speziellen Erntemaschinen ausgelassen werden, sodass das Algenblatt erneut austreiben kann. Dass Algen eine Vielzahl an Vitaminen, Mineralstoffen und Spurenelementen sowie Antioxidantien enthalten, ist bereits bekannt – weshalb man diese Zutat sowohl in der Lebensmittel- als auch Kosmetikindustrie immer häufiger vorfindet. SeaCell™ wird sowohl für Kosmetik- und Hautpflegeprodukte als auch für Kleidung und Heimtextilien verwendet.

Lyocell/Tencel

Das Material Lyocell wird unter anderem von der österreichischen Firma *Lenzing AG* unter dem Markennamen Tencel produziert und verkauft. Dabei handelt es sich kurz gesagt um Stoff aus Holz. Tencel wird hauptsächlich aus asiatischem Eukalyptusholz hergestellt. Die *Lenzing AG* bezieht es aus naturnahen Wäldern und nachhaltig bewirtschafteten Plantagen.

Das Besondere an Eukalyptus ist, dass der Baum verhältnismäßig schnell wächst. Bis zu 30 Meter schießt er innerhalb von zehn Jahren in die Höhe. Dafür braucht die Pflanze keine künstliche Bewässerung oder Dünger. Eukalyptus kann auf Böden wachsen, die sich nicht für das Anbauen von Nahrungsmitteln eignen oder sich kaum noch bewirtschaften lassen. Es müssen somit keine Ackerflächen verwendet werden, die dringend für die Nahrungsmittelproduktion gebraucht werden. Außerdem kommt Eukalyptus ganz ohne giftige Spritzmittel und Genmanipulationen aus – ein großes Plus für die Natur.

Wenn man sich Baumwolle im Vergleich anschaut, werden die Vorteile von Tencel schnell klar: Beim Anbau von herkömmlicher Baumwolle kommen meist schädliche Chemikalien zum Einsatz. Die Ackerfläche, die für Baumwollplantagen verwendet wird, könnte ebenso zum Anbau von Lebensmitteln und damit sinnvoller genutzt werden. Zudem ist die Naturfaser ein echter Wasserverschwender. Beim Anbau von Baumwolle wird 20-mal mehr Wasser verbraucht als man für den Anbau des Eukalyptus braucht. Das macht Tencel zu einer nachhaltigen Alternative.

Modal

Ebenfalls auf den Rohstoff Holz wird bei der Herstellung von Modal zurückgegriffen. Meist handelt es sich dabei um Buchenholz aus Anbaugebieten im mitteleuropäischen Raum. Das Holz wird zunächst entrindet, dann in kleine Späne abgespalten, aufbereitet und schließlich in einem maschinellen Spinnverfahren zu einem Fasermaterial zusammengesponnen. Obwohl es sich beim Rohstoff Holz um ein Naturprodukt handelt, zählt Modal aufgrund der Verarbeitung zu den Chemie- und Synthetikfasern.

Hanffaser

Bereits um 2800 vor Christus hat man die Fasern aus dem Bast der Hanfpflanze für die Herstellung von Textilien verwendet, wie heutige Funde beweisen. Bis in das 20. Jahrhundert hat man aufgrund der Beschaffenheit und Festigkeit vor allem Segeltücher, Taue und Seile daraus gefertigt. Heute findet man dieses nachhaltige Material in vielerlei Produkten wie Dämmmaterialien oder Anzuchtmatten für Pflanzensamen. Doch auch Kleidung aus Hanffasern oder Mischgeweben liegt derzeit im Trend. Die positiven Materialeigenschaften wie Reißfestigkeit und Langlebigkeit sind in der nachhaltigen Textilindustrie gefragt.

Sojaseide

Seide ist ein angenehmes und edles Material, allerdings nicht vegan – da es im Ursprung von Seidenraupen stammt. Eine tierleidfreie Alternative kann Sojaseide sein. Sie ist ebenso glatt und leicht, hat einen schimmernden Glanz und eine hohe Feuchtigkeitsaufnahme. Zudem ist sie biologisch abbaubar. Anders als herkömmliche Seide knittert Sojaseide nicht so leicht. Sojaseide wird aus Sojaprotein hergestellt – einem Nebenprodukt, das bei der Herstellung von Tofu anfällt.

Veganes Leder

Leder ist nicht immer, wie viele Konsumenten annehmen, ein Abfallprodukt aus der Fleischindustrie. In vielen Ländern werden Tiere allein für die Lederproduktion unter unwürdigen Bedingungen gehalten und auf grausame Weise getötet.

Inzwischen gibt es auf dem Markt jedoch eine Vielzahl an veganen Lederalternativen, die sich in Optik und Haptik kaum vom tierischen Original unterscheiden und sowohl für Kleidungsstücke, Schuhe, Gürtel und Taschen als auch für Möbelbezüge anbieten.

In Sachen Nachhaltigkeit gibt es jedoch auch dabei einige Unterschiede – denn einige vegane Lederalternativen bestehen aus Kunststoffen, die es, wenn möglich, zu meiden gilt. Es lohnt sich also, genau hinzusehen und beispielsweise veganes Leder zu wählen, das aus Ananas, Äpfeln, Trauben oder Kork besteht.

Kapitel 5

Langfristige Ziele

Als ich begann, dieses Buch zu schreiben, war die Idee, ein papierloses Büro anzustreben, in erster Linie ökologisch motiviert. Bäume sind existenziell für eine gesunde Atemluft und entsprechend sollten sie geschützt und möglichst wenige gefällt werden. Für die Herstellung von klassischem Papier werden Unmengen von Bäumen gefällt und mit dem Einsparen von Papierprodukten kann aktiv etwas dagegen unternommen werden.

Inzwischen ist die Entscheidung für ein papierarmes Büro jedoch nicht zuletzt auch eine ökonomische. Denn die Papierpreise sind in den letzten Monaten explosionsartig durch die Decke gegangen und haben sich in vielen Bereichen um 70 bis 100 % gesteigert.

Während der Corona-Krise haben einige Papierhersteller die Produktion von Frischfaserpapier eingestellt und ihr Angebot auf Kartonmaterial umgestellt – durch den boomenden Onlinehandel in der Zeit der Lockdowns und darüber hinaus war die Nachfrage enorm und so war diese Neuausrichtung für einige Unternehmen lukrativer, für andere sogar die einzige Chance, um weiterhin bestehen zu können. Da Frischfaserpapier durch die Umstellungen sowie Insolvenzen einiger Papierhersteller zur Mangelware geworden ist, war bereits eine erste Preissteigerung zu beobachten. Eine weitere kam durch die erhöhten Energiepreise. Papierhersteller berechnen diese an Druckereien und geben diese an ihre Kunden weiter – entweder in Form von Energiepauschalen oder erhöhten Auflagenpreisen.

5.1 Das papierarme Büro

Obwohl die Welt bereits hochtechnisiert ist und im Büro viele Bereiche voll digitalisiert sind, ist ein Arbeitsalltag ganz ohne Papier nur schwer zu realisieren. Doch auf den Umgang mit Papier kann man bewusst achten und so eine ganze Menge Müll vermeiden. Auch die Wahl des verwendeten Papiers kann zum Umwelt- und Klimaschutz beitragen.

5.1.1 Bestandsaufnahme

Zunächst sollte man eine ehrliche Analyse durchführen und sich folgende Fragen stellen:

- Gibt es im Unternehmen Bereiche, die schon heute papierlos oder papierarm organisiert sind?
- In welchen Bereichen gibt es noch Einsparpotenzial?
- Wo hat es Sinn, komplett auf Papier zu verzichten, und wo sollte über den Einkauf alternativer Papiersorten nachgedacht werden?
- Was ist realistisch?
- Wer ist verantwortlich beziehungsweise wer darf Entscheidungen treffen?

Bei aller Motivation und positiver Absicht: Nicht in allen Bereichen kann oder darf auf Papier verzichtet werden. Im Vorfeld müssen rechtliche Fragen geklärt werden – gerade, wenn es um die Digitalisierung von vertraulichen und personenbezogenen Daten oder Steuerunterlagen geht. Die Stichwörter Datenschutz, Datensicherheit und Backup sollten bei allen Überlegungen eine Rolle spielen und mit Experten besprochen werden.

Eventuell müssen auch Partner, Subunternehmer oder Kunden in die Pläne mit einbezogen werden und es muss damit gerechnet werden, dass nicht alle ohne Weiteres mitziehen werden. Es wird vielleicht auch weiterhin Kunden geben, die sich eine Rechnung in Papierform wünschen, und Subunternehmer, die einem zu Weihnachten – mit guter Absicht – haufenweise Kalender ins Büro schicken. Aus solchen Gründen langjährige Geschäftsbeziehungen zu beenden, wäre vorschnell und unvernünftig.

Arbeiten Sie als Einzelunternehmer oder hat Ihr Unternehmen eine überschaubare Größe, lässt sich diese Frage schnell beantworten. Sie sind selbst verantwortlich, können Entscheidungen treffen und Veränderungen in die Wege leiten.

Als Angestellter sieht das anders aus. Sie müssen zunächst herausfinden, in wessen Verantwortungsbereich die Umstellung auf ein papierloses Büro fällt, und das Thema vorbereiten, ehe Sie in ein Gespräch gehen. In größeren Konzernen kann der Verantwortungsbereich komplex sein und häufig müssen Entscheidungen von »oben« abgesegnet werden, ehe man sie in der eigenen Abteilung umsetzen darf. Wenden Sie sich in diesem Fall am besten zunächst an Ihren Teamleiter oder Abteilungsleiter und besprechen mit ihm das weitere Vorgehen. Vielleicht hat er die Befugnis, kleinere Änderungen innerhalb des Teams oder der Abteilung sofort umzusetzen. Zumindest weiß er jedoch, wer solche Entscheidungen und Entscheidungen, die über Sofortmaßnahmen hinausgehen, treffen darf.

5.1.2   Sofortmaßnahmen

- Hinweis in die E-Mail-Signatur einfügen: »Bevor Sie diese E-Mail ausdrucken, prüfen Sie, ob dies wirklich nötig ist!« oder »Think before you print!«
- Diesen Hinweis selbst befolgen und nicht jede E-Mail und jedes Dokument ausdrucken.

- Papier, wenn möglich, doppelseitig bedrucken (die Druckeinstellungen vorab standardmäßig hierfür festlegen).
- Eine Schriftart wählen, die weniger Tinte verbraucht (wie Garamont, Ecofont), eventuell die Schriftgröße verringern.
- Fehldrucke als Notizpapier verwenden (hierfür neben dem Drucker ein gekennzeichnetes Sammelbehältnis aufstellen).
- Eingehende Versandumschläge aufheben und später wiederverwenden.
- Faxgeräte, falls noch vorhanden, auf digitalen Versand und Empfang umstellen.
- Einen Aufkleber mit dem Hinweis »Bitte keine Werbung und kostenlosen Zeitungen« am Briefkasten anbringen.

5.1.3 Langfristige Maßnahmen

- Whiteboard oder Smartboard statt Flipchart mit Papierblöcken anschaffen.
- Tablet-PC statt Ausdrucke mit in Meetings bringen.
- Handouts per Email versenden oder in einer Cloud bereitstellen.
- Auf Schreibtischunterlagen aus Papier verzichten.
- Kalender digitalisieren und Papierkalender meiden.
- Ausgehende Rechnungen digital zur Verfügung stellen.
- Kunden bitten, eingehende Rechnungen ebenfalls digital zu versenden.
- Die Kommunikation mit dem Steuerberater digitalisieren.
- Werbemittel in Printform überdenken und ggfls. alternativ auf der Website oder per Newsletter verbreiten (siehe auch Abschnitt 6.5).
- Sammelbestellungen aufgeben, um doppelte Bestellungen zu vermeiden und Verpackungs- und Versandmaterial einzusparen.

5.1.4 Umweltfreundlicheres Papier

Papier ist nicht gleich Papier. Es gibt in Sachen Umweltfreundlichkeit erhebliche Unterschiede, die sich auf den ersten Blick jedoch kaum erkennen lassen. Laien vertrauen bei der Wahl deshalb oftmals auf Siegel, die Umweltverträglichkeit signalisieren.

Doch nur wenige dieser Siegel, die auf Papierprodukten zu finden sind, sind mit strengen Umweltkriterien verbunden. Neben diversen Siegeln, die mehr versprechen, als sie halten, führen Beschreibungen wie »holzfrei« oder »chlorfrei« Verbraucher zusätzlich in die Irre.

Tatsächlich besteht Papier mit der Beschreibung »holzfrei« sogar zu 100 % aus Holzfasern. Lediglich ein bestimmter Holzstoffanteil, der sogenannte Lignin, wird bei »holzfreiem« Papier mithilfe zahlreicher Chemikalien herausgefiltert. Dies hat vor allem den Nutzen, dass das Papier später nicht vergilbt. Beinahe jedes herkömmliche Papier ist heutzutage holzfrei.

Als »chlorfrei« wird Papier bezeichnet, wenn es ohne Chlor gebleicht wurde. Über die Inhaltsstoffe sagt diese Beschreibung tatsächlich jedoch nichts aus. In Deutschland wird die Bezeichnung »chlorfrei gebleicht« auch für Papier gebraucht, das mit Chlorverbindungen wie Chlordioxid gebleicht worden ist. Dieses wird als ECF-Papier (elementar-chlorfrei-gebleicht) ausgewiesen. Auf die Bleiche mit elementarem Chlor wird inzwischen bei der Herstellung von Büropapier verzichtet, da die dadurch entstehenden Rückstände auf natürlichem Weg kaum abgebaut werden können.

Eine weitere geläufige Bezeichnung, die Umweltfreundlichkeit suggeriert, ist »Naturpapier«. Bei Naturpapier handelt es sich um Papier, das nicht durch eine Beschichtung weiterverarbeitet oder veredelt worden ist. Durch die raue Haptik wirkt dieses Papier naturbelassen und kann beim Verbraucher den Eindruck erwecken, es handle sich dabei um ein umweltfreundliches Papier. Über die Inhaltsstoffe sagt die Bezeichnung Naturpapier jedoch nichts aus.

Frischfaserpapier

Von Frischfaser- oder Primärfaserpapier spricht man, wenn der für die Papierherstellung verwendete Zellstoff direkt aus dem pflanzlichen Ausgangsmaterial – meistens ist das Holz – gewonnen wurde. Für jedes Kilogramm klassischen Frischfaserpapiers werden in der Herstellung über zwei Kilogramm Holz benötigt.

Die in Deutschland für die konventionelle Papierherstellung eingesetzten Holz- und Zellstoffe werden zu rund 80 % importiert, oftmals aus Urwaldgebieten, die stark unter den Rodungen leiden. Selbst, wenn der Rohstoff nicht direkt von Tropenholz stammt, so musste dennoch oft Urwald gerodet werden – etwa, um an dieser Stelle Eukalyptusplantagen anzulegen.

Die deutsche Papierindustrie setzt zunehmend auf kurzfaserigen Sulfat-Zellstoff, der aus schnell wachsenden Harthölzern wie Eukalyptus gewonnen wird. Zudem sind für die Produktion von Frischfaserpapier eine große Menge Wasser und ein hoher Energieaufwand nötig.

Recyclingpapier

Recyclingpapier, auch Sekundärfaserpapier genannt, besteht aus Altpapier, -pappe und -karton. Neben der Schonung von Holzressourcen ist der vergleichsweise niedrigere Verbrauch von Energie und Wasser bei der Herstellung ein weiterer Vorteil gegenüber Frischfaserpapier.

Wer bei Recyclingpapier zunächst an gräuliches Papier denkt, wie man es von typischen Behördenbriefen kennt, und es deshalb direkt ablehnt, sollte sich davon überzeugen lassen, dass es Papiersorten gibt, die aus Altpapier bestehen und dennoch weiß sind. Ein Unterschied zu Frischfaserpapier ist hierbei nicht zu erkennen und so eignet sich dieses Papier für alle Drucksachen. Bei weißem Recyclingpapier sollte jedoch bedacht werden, dass für die Herstellung ein höherer Wasserverbrauch zu verzeichnen ist und außerdem optische Aufheller wie Peroxide oder Hydrosulfite eingesetzt werden müssen, denn es ist nicht ohne Weiteres möglich, alte Farbstückchen aus dem Papierbrei zu entfernen.

Wer noch nicht davon überzeugt ist, dass sich der Umstieg auf Recyclingpapier für die Umwelt lohnt, sollte sich einmal fünf Minuten Zeit nehmen und den Nachhaltigkeitsrechner auf der Website `papiernetz.de/nachhaltigkeitsrechner` mit den Zahlen zum eigenen Energieverbrauch füttern.

Beispiel für 500 Blätter in der Größe DIN A4:

	Recyclingpapier	Frischfaserpapier
Altpapier / Holz in Kilogramm	2,8	7,5
Wasser in Liter	51,1	130,2
Energie in Kilowattstunden	10,5	26,8
Kohlenstoffdioxid in Kilogramm	2,2	2,6

Mix-Papier

Mix-Papiere bestehen zum einen Teil aus Frischfasern und zum anderen Teil aus Altpapier.

Graspapier

Eine noch eher unbekannte Papiersorte, deren Entwicklung man in den nächsten Jahren auf jeden Fall beobachten sollte, ist Graspapier. Es besteht bis zu 40 % aus getrockneten Grasfasern, also Heu. Dieses stammt zum Großteil von Ausgleichsflächen, die nicht landwirtschaftlich genutzt werden und in unmittelbarer Nähe zu den herstellenden Papierfabriken liegen.

In unserer Werbeagentur setzen wir es gerne für den Druck von Werbemitteln, wie Flyern oder Visitenkarten, aber auch als Briefpapier ein. Grundsätzlich kann Graspapier für die Herstellung aller gängigen Papierprodukte, auch im Verpackungsbereich, verwendet werden. Immer mehr Druckereien haben Graspapier bereits im Sortiment oder sind zumindest für diese Alternative offen. Da das Papier von Natur aus eine gelbliche Farbe und sichtbare Fasern, zudem einen Geruch nach Heu hat, ist es nicht für jedes Vorhaben geeignet.

Steinpapier

Papier aus Stein ist streng genommen kein Papier, sondern ein »papierähnliches Produkt«, das jedoch wie Papier bedruckt und verarbeitet werden kann. Es besteht zu 80 % aus Kalksteinmehl (Calciumcarbonat) und zu 20 % aus thermoplastischem Bio-Kunststoff. Calciumcarbonat ist ein natürlich vorkommender und nahezu unerschöpflicher Rohstoff. Das zur Produktion von Steinpapier genutzte Kalksteinmehl ist in der Regel ein Abfallprodukt aus Steinbrüchen und kann unmittelbar nach dem *Cradle-to-Cradle-Prinzip* (Erläuterung in Abschnitt A.4) weiterverarbeitet werden.

Der Bio-Kunststoff HDPE (High-Density Polyethylen) dient als Bindemittel und gibt dem papierähnlichen Material seine Festigkeit. Es wird beispielsweise aus Zuckerrohrabfällen gewonnen. Die beiden Materialien werden vermengt und unter großem Druck zusammengepresst. Für Steinpapier muss kein Baum gefällt werden und bei der Herstellung wird zudem auf Bleichmittel, Säuren, Basen und fluoreszierenden Chemikalien verzichtet. Der Energiebedarf für die Herstellung ist nur etwa halb so groß wie für die Herstellung von herkömmlichem Zellulosepapier, Trinkwasser kommt gar nicht zum Einsatz.

Steinpapier unterscheidet sich in seinen Eigenschaften von herkömmlichem Papier. Es fühlt sich samtig an, ist besonders reißfest, schwer entflammbar und wasserabweisend. Steinpapier kann bedruckt werden. Hierfür eignen sich vor allem der Offset-Druck und der UV-Druck. Tintenstrahl- und Laserdrucker sind für den Druck auf Steinpapier eher weniger gut geeignet. Laserdrucker erzeugen oft eine hohe Hitze und ab 65 Grad Celsius beginnt Steinpapier, sich zu verformen. Bei Tintenstrahldruckern kommt es auf das Gerät an, es kann jedoch vorkommen, dass das Steinpapier die Farbe wie ein Löschpapier aufsaugt.

Für die Anwendung im Outdoorbereich ist Steinpapier nur bedingt geeignet, da es sich bei dauerhafter Sonneneinstrahlung nach wenigen Monaten vollständig auflöst. Dieser vermeintliche Nachteil ist zugleich ein großer Vorteil, wenn man an die spätere Entsorgung denkt – Steinpapier zerfällt quasi zu Staub.

5.2   Das plastikarme Büro

Da Plastik praktisch und kostengünstig ist, kommt es in diversen Bereichen des Alltags, auch des Büroalltags, zum Einsatz. Bedenkt man, dass Plastik etwa 450 Jahre braucht, bis es verrottet und dass selbst dann kleinste Plastikteilchen, das Mikroplastik, unsere Atemluft und das Wasser auf der Erde belasten, ist das nicht länger hinzunehmen. Vermutlich haben Sie schon einmal einen Strand gesehen, der voll war mit angeschwemmtem Müll. Sie dürfen sicher sein, dass dies keine Momentaufnahme war.

Schätzungen zufolge schwimmen aktuell mehr als fünf Billionen Plastikteile in unseren Ozeanen und besteht der Müll an den Stränden zu 73 % aus Plastik. Mehr als 100.000 Meerestiere verenden jedes Jahr an dieser Vermüllung ihrer Lebensräume. Und auch unsere Böden sind voll damit (auch in Abschnitt 2.2.2 nachzulesen). Dabei ist es in vielen Bereichen wirklich nicht schwer, auf Plastik zu verzichten.

5.2.1 Bestandsaufnahme

Schaut man sich im klassischen Büro um, findet man zahlreiche Gegenstände, die bislang wie selbstverständlich aus Plastik eingekauft worden sind, jedoch ganz einfach durch plastikfreie Alternativen ersetzt werden können: so etwa klassische Textmarker durch Holzbuntstifte, die ebenso zur Markierung von Textabschnitten taugen, oder zumindest durch Textmarker aus recyceltem Plastik. Kugelschreiber gibt es aus Holz oder Metall und mit wechselbaren Minen. Diese sollten der Einwegvariante aus Plastik immer vorgezogen werden.

Noch umweltschonender sind Schreibgeräte mit Konverter, bei denen nicht die komplette Miene ausgetauscht, sondern lediglich die Tinte aufgefüllt wird. Ordner, Mappen und Zeitschriftenständer gibt es ebenso aus Recyclingpapier und typische Kunststoffgegenstände im Büro wie Schreibtisch-Organizer, Stiftehalter, Visitenkartenhalter oder Ablagesysteme für Dokumente gibt es ebenso aus Holz oder Bambus.

Auf manche Dinge kann man auch einfach verzichten, wie etwa Plastikfolien, um Dokumente abzuheften. Die Dokumente sind im Ordner in der Regel genug geschützt. Notizbücher brauchen ebenfalls keinen Einband aus Kunststoff – hier reicht recycelte Pappe – aus und Scheren aus Metall erfüllen auch ohne Plastikummantelung an den Griffen ihren Zweck. Locher, Tacker und Co. gibt es aus recyceltem Plastik, das zumindest etwas umweltfreundlicher ist als neu produziertes Plastik.

Das Umweltteam des Unternehmens oder der Einzelunternehmer kann es sich zur Aufgabe machen, eine Plastik-Inventur durchzuführen und alle Gegenstände zu listen, die aus Plastik bestehen und für die es entweder eine umweltfreundlichere Alternative gäbe oder auf die man verzichten könnte.

Es werden dabei vermutlich viele weitere Gegenstände aus Plastik ins Auge fallen, wie Mülleimer, Aufbewahrungsboxen, Pflanzgefäße und Gießkannen oder Kunstblumen, Uhren, Bilderrahmen, Deko-Elemente, Hocker, Stühle oder andere Möbel. Nicht alles kann und muss sofort ersetzt oder verbannt werden und auf manches kann auch künftig nicht verzichtet werden – etwa technische Geräte und deren Zubehör, doch eine solche Bestandsaufnahme kann ein Bewusstsein für künftige Anschaffungen wecken.

Nicht direkt ersichtlich, aber in einigen Produkten enthalten, ist Mikroplastik. Im Büroalltag findet man dieses beispielsweise in Flüssigseife in den Sanitäranlagen oder in Reinigungsmitteln in der Teeküche. Plastik kann sich in der Liste der Inhaltsstoffe verstecken hinter Bezeichnungen wie Bisphenol A (BPA), Polypropylen (PP), Polyamid (PA), Polyethylenterephtalat (PET), Polyethylen (PE) oder Polyquaternium (PQ) verstecken. Wer auf zertifizierte Naturkosmetik zurückgreift, kann sich sicher sein, dass keine erdölbasierten Inhaltsstoffe im Produkt enthalten sind. Hilfreich, um das Kleingedruckte zu verstehen, kann beispielsweise der BUND-Einkaufsratgeber sein.

5.2.2 Tipps zur Reduzierung von Plastik

■ Inventur durchführen: Welche Gegenstände im Büro bestehen aus Plastik, welche sind kurzfristig oder langfristig zu ersetzen?

■ Mitarbeiter für das Thema sensibilisieren und motivieren, selbst Plastik zu vermeiden.

■ Mitarbeiter beim Vermeiden vom Plastik unterstützen und ihnen entsprechende Alternativen zur Verfügung stellen.

■ Neues Regelwerk für den Einkauf erstellen und zur Vermeidung von Plastik anleiten.

■ Aufgebrauchte, ausgediente oder irreparable Gegenstände aus Plastik upcyceln oder fachgerecht entsorgen und bei der Neuanschaffung umweltfreundlichere Alternativen auswählen.

■ Verpackungsmüll vermeiden (bevorzugt unverpackt einkaufen, auf Mehrfachverpackungen komplett verzichten).

■ Überflüssige Einwegprodukte vermeiden oder durch Mehrwegprodukte ersetzen.

■ Beim Kauf von Pflegeprodukten wie Flüssigseife auf Inhaltsstoffe achten und Mikroplastik meiden.

■ Leitungswasser statt Wasser aus PET-Flaschen trinken.

■ Bei Firmen-Ausflügen gemeinsam Müll sammeln.

5.2.3 Umweltfreundlichere Alternativen

In Abschnitt 5.2 habe ich bereits einige Alternativen zu Gegenständen im Büroalltag aufgeführt, die typischerweise aus Plastik bestehen. Macht man sich darüber hinaus auf die Suche und schaut sich die Angebote von Büroausstattern an, stößt man schnell auf vermeintlich umweltfreundlichere Alternativen zu herkömmlichem Plastik: beispielsweise auf recyceltes Plastik oder Bio-Plastik. Kann man das mit grünem Gewissen kaufen?

Recyceltes Plastik

Immer häufiger liest man auf Produkten den Hinweis »Hergestellt aus recyceltem Plastik« und hat beim Kauf direkt ein besseres Gefühl. Recycling ist schließlich ein positiv behafteter Begriff. Und tatsächlich können Produkte aus recyceltem Plastik einen Beitrag zum Umweltschutz leisten. Diese werden zum Teil oder gänzlich aus Altplastik hergestellt. Auf diese Weise können Rohöl, Energie und bis zu 80 % CO_2 im Produktionsprozess eingespart werden.

Es gibt zwei Arten von Altplastik, die in den Recyclingkreislauf eingeführt werden: Altplastik aus Produktionsresten der Industrie und sogenanntes Post-Consumer-Rezyklat (PCR). Letzteres stammt aus bereits genutzten Plastik-Verpackungen, zum Beispiel aus dem gelben Sack oder der gelben Tonne oder aus PET-Flaschen, die sich derzeit am besten für das Plastik-Recycling eignen.

Mit gutem Beispiel voran geht beispielsweise der Discounter Lidl, der die Pfand-flaschen seiner Mineralwasser-Eigenmarke inzwischen zu 100 % aus recyceltem Plastik herstellt, das wiederum aus zurückgegebenen PET-Flaschen besteht. Was nach einem endlosen Kreislauf klingt, ist in Wahrheit jedoch keiner, wie das *VerbraucherFenster Hessen* betont.

Denn nach der zweiten Weiternutzung ist bei PET-Kunststoff – der auch bei anderen Produkten wie beispielsweise Verpackungen, Fleecejacken oder Rucksäcken zum Einsatz kommt – in der Regel Schluss und der Kunststoff wird verbrannt. Produkte aus recyceltem Plastik sind somit zwar umweltfreundlicher als Produkte aus neu gewonnenem Plastik, doch keine wirklich nachhaltige Alternative dazu.

Ozeanplastik

Im Grunde der Kategorie »Recyceltes Plastik« zuzuordnen und dennoch ein Thema für sich ist sogenanntes Ozeanplastik (Ocean Plastic). Wer diesen Begriff zum ersten Mal hört, hat vermutlich die Vorstellung, dass die Hersteller Plastikab-fälle aus dem Meer fischen und zur Herstellung neuer Produkte verwenden.

Weil diese Vorstellung eine romantische ist und die Kaufkraft anregt, haben die meisten Anbieter ein geringes Interesse daran, transparent zu informieren, worum es sich im Einzelfall tatsächlich handelt: in aller Regel nämlich um ein Mischprodukt aus recyceltem Plastik, das an Stränden oder in Küstenregionen gesammelt wurde und weiteren Kunststoffen – entweder aus ebenfalls recyceltem Plastik oder Neuplastik. Der Anteil von Ersterem ist meist eher gering. Aus dem Meer direkt stammt Ozeanplastik in der Regel nicht.

Der Aufwand, um Plastikmüll herauszufischen, wäre enorm und mit hohen Kosten verbunden. Zudem eignet sich Plastik, das aus den Meeren stammt, häufig gar nicht für eine Weiterverwendung. Da es keine klare Definition des Begriffs oder verbindliche Richtlinien dazu gibt, sind Hersteller frei darin, einen Rohstoff als

Ozeanplastik zu deklarieren. So hat der Sportartikelhersteller *Adidas* beispielsweise Sneakers auf den Markt gebracht, die laut eigener Angabe aus Ozeanplastik bestehen.

Auf Nachfrage des Fernsehsenders *WDR* hat *Adidas* genauer erklärt, was damit in diesem Fall gemeint ist. So stamme das verwendete Ozeanplastik »von Stränden und aus Küstenregionen und wurde recycelt, bevor es in die Ozeane gelangen konnte«. Theoretisch müsste das Plastik nicht einmal von Stränden stammen und dürfte dennoch Ozeanplastik genannt werden. Und eben aufgrund dieser unklaren Definition und damit verbundenen möglichen Verbrauchertäuschung steht Ozeanplastik in der Kritik.

Die *Deutsche Umwelthilfe* beispielsweise wirft dem Konzern *Coca Cola* Greenwashing vor, weil der größte Plastikverpackungshersteller der Welt Einwegplastikflaschen herausgebracht hat, die zu 25 % aus Ozeanplastik bestehen sollen. Mit geschickten Werbefotos wird Verbrauchern suggeriert, dass es sich dabei um Plastik aus den Weltmeeren handelt. »Statt der Umwelt etwas Gutes zu tun, dient der angeblich innovative Recyclingansatz wohl eher dazu, die Vermüllung der Meere mit Plastikabfällen zu legitimieren und sogar als etwas Positives darzustellen«, so das Statement der *Deutschen Umwelthilfe*.

Doch Ozeanplastik ist nicht per se schlecht. Zum einen ist zu bedenken, dass es sich dabei immerhin zum Teil um recyceltes Altplastik handelt – auch wenn dieses nicht unbedingt aus dem Meer gefischt wurde. Auch andernorts gehört Plastik nicht in die Natur und es ist gut, wenn dieses aufgesammelt und wiederverwendet wird. Durch das Recycling werden im Vergleich zur Neuherstellung Ressourcen geschont. Produkte aus Ozeanplastik sind vielleicht keine nachhaltige Alternative zu reinem Neuplastik, aber dennoch etwas umweltfreundlicher.

Und dann gibt es auch vereinzelt auch noch kleine Unternehmen und Non-Profit-Organisationen, die sich tatsächlich dafür einsetzen, die Ozeane zumindest oberflächlich von Plastikmüll zu befreien und dieses Plastik zu recyceln. Für diese ist die negative Presse rund um das Greenwashing großer Konzerne ärgerlich. Denn auf sie trifft dieser Vorwurf nicht zu. In diesem Zusammenhang ist als positives Beispiel das spanische Unternehmen *Seaqual* zu nennen. Dieses arbeitet mit lokalen Fischern zusammen, die während ihrer Fahrten Plastikmüll abschöpfen und mit an Land bringen.

Bio-Plastik/Bio-Kunststoff

Verbraucher werden mit dem Begriff Bio-Plastik nur allzu oft in die Irre geführt. Das Problem ist, dass es keine einheitliche Definition für diesen Begriff gibt und er sich damit hervorragend für das Greenwashing von Produkten anbietet. So kann sich der Wortbestandteil »Bio« auf die Rohstoffe beziehen, auf deren Abbaubarkeit oder auf beides. Und so ist nicht jedes Produkt aus Bio-Plastik tatsächlich eine umweltfreundlichere Alternative im Vergleich zu fossilem Plastik. Als Bio-Plastik gilt ein Material, das...

... biologisch abbaubar ist und/oder

... aus nachwachsenden Rohstoffen besteht (also biobasiert ist).

Auf dieser Grundlage ergeben sich drei unterschiedliche Arten von Bio-Plastik:

- erdölbasiert und biologisch abbaubar
- biobasiert und biologisch abbaubar oder kompostierbar
- biobasiert und nicht biologisch abbaubar

Um welche Art es sich im Einzelfall handelt, ist auf den ersten Blick oft nicht zu erkennen. Fälschlicherweise landen so beispielsweise Müllbeutel aus Bio-Plastik regelmäßig in Bio-Mülltonnen, wo sie definitiv nicht hingehören. Die Entsorgungsbetriebe stellt das vor echte Herausforderungen (auch in Abschnitt 4.5.2). Tatsächlich müssen diese Müllbeutel ebenso wie beispielsweise Einweggeschirr und -besteck oder Umverpackungen aus Bio-Plastik in der Regel in der Restmülltonne entsorgt werden.

Selbst Produkte aus Bio-Plastik, die als »biologisch abbaubar« gekennzeichnet werden, sollten nicht in die Natur gelangen. Zur tatsächlichen Zersetzungsdauer können keine allgemeingültigen Aussagen getroffen werden. Denn wie schnell sich Bio-Plastik zersetzt, hängt von dem Zusammenspiel verschiedener Faktoren ab. Neben der jeweiligen Materialart spielen beispielsweise die Temperatur, die UV-Einstrahlung, die Sauerstoffzufuhr, die Feuchtigkeit, der Salzgehalt und das Vorhandensein von Mikroorganismen eine Rolle. Die teilweise erforderlichen und sehr spezifischen Bedingungen zum Abbau von Bio-Plastik sind in der Natur häufig gar nicht vorhanden. So können einige Arten von Bio-Plastik, die als »biologisch abbaubar« gekennzeichnet sind, etwa in den Ozeanen nicht abgebaut werden. Der *WWF* warnt davor, dass Bio-Plastik weder die Vermüllung des Planeten verhindern noch die Probleme, die durch Mikroplastik ausgelöst werden, lösen kann.

Und auch davon abgesehen ist Bio-Plastik nicht unbedingt umweltfreundlicher oder klimaschonender als fossiles Plastik: nämlich im Hinblick auf die Landnutzung. Um Rohstoffe für Bio-Plastik anzubauen oder zu gewinnen, müssen in der Regel landwirtschaftliche Flächen genutzt werden. Der Anbau kann somit in Konkurrenz zur Nahrungsversorgung stehen und zudem zu Waldrodungen führen. Auch eine Versauerung der Böden oder ein Überangebot an Nährstoffen können mögliche Folgen sein. (Mehr dazu in Abschnitt 2.2.2.)

5.3   Das klimaneutrale Büro

Wer sich der Green-Office-Challenge gestellt hat, hat bereits viel in Sachen Umwelt- und Klimaschutz getan und den ökologischen Fußabdruck seines Unternehmens verkleinert. Doch darüber hinaus kann noch mehr getan werden, denn es wird immer Bereiche im Unternehmen geben, die für unvermeidbare Emissionen sorgen werden.

5.3.1 Kompensation

Sicherlich sind Sie in ihrem Alltag, privat wie beruflich, schon das eine oder andere Mal über das Wort Klimaneutralität gestolpert. Unternehmen werben damit, ihre Produkte klimaneutral zu produzieren oder zu drucken, Airlines bieten klimaneutrale Flüge an, die Deutsche Post einen klimaneutralen Versand und immer häufiger stößt man im Internet auf die Label »Klimaneutrale Website« bzw. »CO_2-neutrale Website«.

Natürlich ist es nicht möglich, tatsächlich klimaneutral zu handeln – in keinem Bereich. Streng genommen ist nicht einmal unser Atem klimaneutral. Doch das verschuldete CO_2 kann durch die Unterstützung von Klimaschutzprojekten kompensiert beziehungsweise neutralisiert werden. In diesen Projekten werden beispielsweise Bäume gepflanzt, erneuerbare Energien errichtet, Meere von Plastik befreit oder Zugang zu sauberem Trinkwasser ermöglicht. Bäume ergeben Sinn, diese speichern bekanntermaßen CO_2, doch was hat beispielsweise der Zugang zu sauberem Trinkwasser mit Klimaschutz zu tun, werden Sie sich nun vielleicht fragen – und zugegeben, das liegt nicht so offensichtlich auf der Hand.

Bedenkt man jedoch, dass viele Familien in Ländern wie Indien verunreinigtes Wasser über offenem Feuer abkochen, um Krankheitserreger abzutöten, versteht man schnell, dass hier CO_2 in die Atmosphäre gelangt, was durch den Zugang zu sauberem Trinkwasser vermieden werden könnte. Und auch das Befreien der Meere von Plastik ergibt Sinn, wenn man bedenkt, dass diese ein Viertel des CO_2 aus der Atmosphäre und sogar 93 % der Wärme aus dem Treibhauseffekt speichern – eine Funktion, die durch eine Vermüllung gefährdet wird. Welches der zahlreichen Projekte man als Unternehmen unterstützen will, ist nicht zuletzt auch eine Frage der individuellen Unternehmenskommunikation und Zielgruppe. Gleicht man noch mehr Emissionen aus, als man selbst zu verantworten hat, darf man übrigens von »klimapositiv« sprechen.

5.3.2 CO_2-Bilanz

Um herauszufinden, wie viel CO_2 ein Unternehmen zu verschulden hat, kann eine CO_2-Bilanz erstellt werden – auch unter *Corporate Carbon Footprint* oder kurz CCF bekannt. Zur Berechnung dienen in der Regel internationale Standards wie das »Greenhouse Gas Protocol«. Zunächst werden die Systemgrenzen festgelegt: Welche Bereiche im Unternehmen sollen betrachtet, und bis zu welchem Grad indirekte Emissionen zum Beispiel aus zugekauften Leistungen mit einbezogen werden? Im nächsten Schritt werden die Verbrauchsdaten erfasst.

Das Thema ist komplex und Unternehmen sollten sich diesbezüglich am besten von einem Fachmann beraten und unterstützen lassen. Eine typische CO_2-Bilanz erfasst beispielsweise Faktoren wie Heizung, Strom, Geschäftsreisen, Mitarbeiteranfahrt, Papierverbrauch und weitere. Die CO_2-Bilanz gibt Aufschluss darüber, wo Emissionen eingespart oder gar vermieden werden können. Klimaschutzprojekte sollen nicht als Freifahrtschein verstanden werden, sondern wirklich nur jene Emissionen ausgleichen, die unvermeidbar sind.

5.3.3 Klimaneutraler Versand

Komplett auf Emailverkehr umzustellen, ist noch nicht für jedes Unternehmen möglich. Im Büroalltag müssen immer wieder wichtige Briefe und Verträge auf dem Postweg verschickt werden und auch Pakete erreichen ihren Empfänger auf diese Weise. Während der Corona-Pandemie haben Paketdienste einen deutlichen Anstieg der Aufträge verzeichnet. Nach eigenen Angaben hat die *Deutsche Post DHL* im Jahr 2020 in Deutschland 1,83 Milliarden Pakete transportiert.

Im Vor-Corona-Jahr 2019 waren es noch 1,59 Milliarden. Der Vorstandsvorsitzende der Deutschen Post DHL erklärte in einem Interview, die hohe Nachfrage nach Paketsendungen sei kein Sondereffekt, vielmehr gebe es einen strukturellen Wandel im Handel und es sei auch nach der Corona-Pandemie weiterhin mit einem wachsenden Paketvolumen zu rechnen. Auch andere Versandunternehmen spüren den Paketboom.

Der Transport der Sendungen verursacht klimaschädliches CO_2. Vermieden werden kann das derzeit noch nicht. Kompensiert werden kann es jedoch auf unterschiedliche Weise. Einige Versandunternehmen bieten gegen einen geringen Aufpreis bereits eine klimaneutrale Versandoption für Päckchen und Pakete an. Die verursachten CO_2-Emissionen werden durch die Investition in Klimaschutzprojekte ausgeglichen. Projekte dieser Art werden meist von unabhängigen Organisationen überprüft und zertifiziert. Die besten Klimaschutzprojekte erreichen »Gold-Standard«. Neben der Kompensation von Emissionen legen einige Versandunternehmen bereits heute Wert darauf, den Ausstoß von Klimagasen zu verringern.

Zwischen den einzelnen Anbietern gibt es Unterschiede, weshalb sich der Vergleich lohnt. Einen ökologischen Versand erkennt man unter anderem an den Transportmitteln, die zum Einsatz kommen. Werden Sendungen mit dem Flugzeug, Zug oder Lastkraftwagen transportiert und vor Ort mit dem Auto oder Fahrrad zugestellt? Wie effizient ist die Tourenplanung? Diese Fragen beantworten die Unternehmenswebsites meist und in einschlägigen Umweltportalen im Internet findet man detaillierte Vergleiche.

Wer für seine Büroausstattung online shoppt, kann ebenfalls auf Umweltfreundlichkeit achten und spezielle Onlineshops bevorzugen. Lockangebote wie »kostenloser Versand und Rückversand« oder »Zustellung am nächsten Tag« und die Option, Bestellungen in Einzellieferungen zuzustellen, gehen oft zu Lasten des Klimas. Wer ein solches Angebot annehmen möchte, sollte sich zunächst erkundigen, ob dennoch ein klimaneutraler Versand möglich ist.

Ein ökologischer Onlinehändler sendet Bestellungen möglichst zusammengefasst in einem Paket oder wenigstens am gleichen Tag. Manchmal muss hierfür die Option »Pakete zusammenfassen« vom Kunden ausgewählt werden. Auch Briefe kann man über manche Anbieter klimaneutral versenden. Jedoch muss bei manchen Anbietern eine jährliche Mindestmenge erreicht werden, was für kleinere Unternehmen nicht immer möglich ist. Sollte die Option deshalb nicht in Frage kommen, kann das beim Versand verursachte CO_2 dennoch kompensiert werden – in Abschnitt 5.3.1 gehe ich näher darauf ein.

Kapitel 6

Nachhaltige Kommunikation und Marketing

6.1 Wie kommunizieren grüne Unternehmen?

Die deutsche Agentur *Grüne Welle Kommunikation* hat im Jahr 2017 eine Studie zum Kommunikationsverhalten von grünen Unternehmensgründern geleitet. Mehr als 250 Start-ups der Green Economy sind zu ihrem Kommunikationsverhalten sowie zur Bedeutung professioneller Produkt-und Unternehmenskommunikation bei der Etablierung auf ihrem Zielmarkt befragt worden.

Dass Kommunikation ein wichtiges Thema ist, das von Anfang an mit bedacht und sogar in den Businessplan aufgenommen werden sollte, haben 75 % der Befragten bestätigt. Die klassische Pressearbeit spielt, trotz einer hohen Affinität zu digitaler Kommunikation, weiterhin eine zentrale Rolle. Lediglich 9 % der Teilnehmer haben noch nie Pressearbeit betrieben. Inhaltlich stehen bei der Kommunikation vor allem ökologische Themen im Vordergrund. Fast 70 % der befragten Unternehmen sprechen explizit ökologische Aspekte wie Umweltschutz, Nachhaltigkeit, Energieeffizienz oder Klimaverträglichkeit an und verknüpfen diese mit ihrem Angebot als Lösungsanbieter.

Ob es die finanzielle Situation erfordert oder aus Überzeugung geschieht, geht aus der Studie zwar nicht hervor, doch 63 % der grünen Start-ups machen ihre Kommunikation inhouse. Lediglich 30 % geben an, externe Kommunikationsdienstleister zu beauftragen. Beides hat Vor- und Nachteile, weshalb diese Entscheidung gut überlegt sein sollte. Vor allem in Bereichen, in denen intern das Know-how fehlt, ist die Unterstützung durch Dienstleister eine sinnvolle Investition.

Das sehen auch die Studienteilnehmer so. Bei ihrem Webauftritt hatten oder haben 33 % externe Experten beauftragt, in der Werbung 17 %, für SEO- und Suchmaschinenmarketing 8 %, für Messeauftritte und PR-Arbeit je 6 %. Während die PR-Arbeit vornehmlich vom Gründer selbst übernommen wird, überlässt man Social-Media-Aktivitäten eher den Mitarbeitern.

6.2 Onlinewerbung

In Abschnitt 4.2.2 haben Sie bereits erfahren, welchen Schaden das Surfen im Word Wide Web anrichten kann und wie jeder Einzelne zumindest etwas umweltfreundlicher mit diesem modernen Medium umgehen kann. Doch längst weiß das nicht jeder Nutzer und deshalb kann man beim Vergleich »Onlinewerbung vs. Printwerbung« nicht pauschal sagen, welche Variante tatsächlich umweltfreundlicher ist. Wer nun also glaubt, der Umwelt einen Gefallen zu tun, wenn er sein Kundenmagazin künftig als E-Paper statt als gedrucktes Heft anbietet, kann damit unter Umständen falsch liegen.

Tatsächlich ist dies schwer zu beurteilen, ohne das Nutzerverhalten derer zu kennen, die auf die Angebote zugreifen. Nichtsdestotrotz ist das Internet als weltweite und durchgängig erreichbare Plattform ideal, um sein Unternehmen zu präsentieren und Markenbotschaften zu verbreiten. Ob auf einer eigenen Website, Social Media oder Blogger-Relations, Suchmaschinenwerbung oder digitale Branchenbucheinträge – die Möglichkeiten sind vielfältig.

Laut der Studie von Grüne Welle Kommunikation hat Onlinewerbung für grüne Start-ups einen hohen Stellenwert. Die drei ersten Plätze der favorisierten Kommunikationskanäle sind digitale. So geben 98 % der Teilnehmer an, bereits einen eigenen Webauftritt zu haben, Social-Media-Plattformen nutzen ebenfalls 98 % und Online-Marketing-Maßnahmen verfolgen 91 %.

Kein Wunder: Werbemaßnahmen im Internet können nicht nur die Bekanntheit eines Unternehmens, sondern auch dessen Umsatz steigern. Laut dem Branchenverband *BITKOM* recherchieren mehr als 70 % der Deutschen vor dem Kauf eines Produktes im Internet. Wer seine Produkte hier vernünftig präsentiert, hat die Nase vorn. Doch auch wenn der Verzicht auf Onlinewerbemaßnahmen für die meisten Unternehmen aus eben diesen Gründen wenig ratsam wäre, kann zumindest bei der Planung solcher Maßnahmen auf das Thema Umweltschutz geachtet werden.

Die eigene Website etwa kann bei einem Anbieter gehostet werden, der zu 100 % Ökostrom bezieht. Die dennoch entstandenen Emissionen können kompensiert werden (mehr dazu im Abschnitt 5.3.1). Die Website selbst sollte möglichst intuitiv und barrierefrei zu bedienen sein, sodass sich die User nicht länger als notwendig darauf aufhalten müssen und alle wichtigen Informationen schnell erfassen können. Auch eine Funktion, die sich »Lesemodus« nennt, ist einfach eingebaut – mit einem Klick kann der User die Website damit verdunkeln und Strom sparen.

6.3 PR-Arbeit

PR ist die Abkürzung für *Public Relations* – auf Deutsch übersetzt bedeutet das Öffentliche Beziehungen – doch wir sprechen hierzulande eher von Öffentlichkeitsarbeit oder Pressearbeit. In manchen Unternehmen gibt es hierfür eigene Abteilungen, andere entscheiden sich für die Zusammenarbeit mit einem externen Dienstleister. Beides hat Vor- und Nachteile und muss im Einzelfall entschieden werden. Immer wichtig ist jedoch, dass sich der Verantwortliche wirklich mit dem Thema PR auskennt, bereits einschlägige Erfahrung gesammelt und Kontakte geknüpft hat und offen für aktuelle Trends ist. Sonst kann das Ganze nämlich schnell nach hinten losgehen.

Ich muss gestehen: Dieses Kapitel zu schreiben, ist mir nicht leichtgefallen. Als ausgebildete Redakteurin sitze ich seit Jahren auf der »anderen Seite« und empfinde den Kontakt mit PR-Agenturen oder entsprechenden Abteilungen in Unternehmen in den meisten Fällen als anstrengend. Auch im Austausch mit Kollegen, die bei Tageszeitungen, Wochenblättern und unterschiedlichen Magazinen arbeiten, höre ich immer wieder Leidgesänge, wenn es um das Thema PR-Arbeit geht.

Im Redaktions-Alltag werden Pressemitteilungen häufig ungelesen gelöscht, besonders hartnäckige Agenturen auf Blockierlisten gesetzt und Anrufe von PR-Leuten direkt in die Anzeigenabteilung des Verlags durchgestellt. Doch warum ist das so? Im Grunde kann PR-Arbeit wertvoll für beide Seiten sein. Auch Redakteure können davon profitieren. Doch dafür müssen PR-Leute verstehen, wie ein Redaktionsalltag abläuft und warum PR nicht in erster Linie bedeutet, kostenlose Werbeplätze in Zeitungen, Magazinen, auf Onlineplattformen, im Radio oder Fernsehen zu bekommen.

Genau darauf sind Agenturen und Unternehmen jedoch in der Regel aus. Sie verfallen in ihr Werbesprech und achten beim Verfassen von Pressemitteilungen vorrangig auf das vorgegebene Wording der zu bewerbenden Marke. Sie machen plakative Werbeaussagen, die sie am liebsten unverändert abgedruckt oder online veröffentlicht sehen wollen. Die fertigen Texte (und Fotos bzw. Tonaufnahmen oder Videos) werden stumpf an alle Redaktionen geschickt, die im E-Mail-Verteiler stehen. In diesen Verteilerlisten stehen nur wenige Redaktionen, die sich aktiv eingetragen haben. Oft werden solche Listen von findigen Firmen erstellt und verkauft oder von Agenturen selbst recherchiert.

Das hat zur Folge, dass manche Redaktionen hunderte Emails am Tag erhalten und einen hohen Zeitaufwand haben, diese zu sichten. Vor allem, wenn die Themen überhaupt nicht zum eigenen Medium passen, ist das sehr ärgerlich. Das ist Zeit, die Redakteure in sinnvollere Aufgaben investieren könnten. Kein Wunder also, dass viele von ihnen weniger positiv über PR-Arbeit denken. Das zu ändern, erfordert Fingerspitzengefühl und ein gutes Konzept. Was interessiert Redakteure wirklich? Sie freuen sich, wenn man ihnen Arbeit abnimmt. Wenn man ihnen wirklich interessante Geschichten liefert und im Idealfall bereits Recherche dazu betrieben hat.

Wer gute PR-Arbeit leisten will, informiert sich über das entsprechende Medium, findet den richtigen Ansprechpartner heraus, tritt in den persönlichen Kontakt und liefert Inhalte, die individuell aufbereitet wurden und der Redaktion sowie dem Leser bzw. Zuhörer oder Zuschauer einen Mehrwert bieten. Der Mehrwert kann informativ oder unterhaltsam sein – je nach Ausrichtung des Mediums.

Was kann das im Falle eines Green Office konkret bedeuten? Ihr Büro hat sich der Green-Office-Challenge gestellt und ist in den letzten Monaten wesentlich nachhaltiger geworden. Das macht Sie und Ihre Kollegen stolz und Sie finden, darüber könnte der Lokalteil der regionalen Tageszeitung gern berichten. Nun müssen Sie sich bewusst machen, dass Sie mit einem solchen Konzept nicht allein sind – vermutlich nicht einmal in Ihrer Region. Auch in anderen Büros werden Ressourcen gespart und Müll getrennt.

Was sollte ein Redakteur über Ihr Büro schreiben und warum? Finden Sie zunächst das Alleinstellungsmerkmal Ihres Büros. Versetzen Sie sich in den Leser hinein und überlegen Sie, was ihn an Ihrer Geschichte begeistern könnte. Und treten Sie erst dann an die Lokalredaktion heran. Ersparen Sie dem Redakteur eine Einführung in Ihre traditionsreiche Unternehmensgeschichte, leiern Sie bitte auch nicht Ihr gesamtes Leistungsangebot herunter und versuchen Sie auch nicht, mit Ihren Referenzen anzugeben. All das ist für die Geschichte zweitrangig.

Angenommen, Sie führen eine Steuerkanzlei. Was erwartet man von Ihrem Büro? Welche Klischees haben die meisten Menschen im Kopf? Ich denke an graue Teppichböden, weiße Wände, zweckmäßige Möbel und Mitarbeiter in schicken Anzügen, die sich zwischen Akten und Terminen einen Espresso aus dem Vollautomaten ziehen. Vollkommen überraschend wäre das Bild von einem Steuerberater im schicken Anzug, der sich in der Mittagspause um das Bienenvolk auf der Dachterrasse kümmert oder nach Feierabend mit einem Korb voller Gemüse nach Hause geht, das er in der Indoor Farm des Büros geerntet hat.

Dieser vermeintliche Widerspruch ist ein Hingucker, weckt das Interesse des Lesers und Ihre Steuerkanzlei bleibt ganz ohne Werbesprech im Kopf. Erzählen Sie eine (wahre) Geschichte. Unterstützen Sie die Redaktionen bei ihrer Arbeit, statt ihnen zusätzliche Arbeit zu machen und pflegen Sie den persönlichen Kontakt, statt auf Massenabfertigung zu setzen. Und, ganz wichtig: Behalten Sie das Thema Greenwashing im Auge (weitere Informationen dazu finden Sie in Abschnitt 6.10.1).

6.4 Social Media

Im Bereich Social Media denken viele Unternehmen »Viel hilft viel«. Dem ist definitiv nicht so. Planlos Accounts auf allen verfügbaren Social Media Plattformen anzulegen, führt garantiert nicht zum Ziel. Man sollte seine Zielgruppe und deren Verhalten genau kennen und auf sie abgestimmte Maßnahmen in sozialen Medien planen. Und natürlich sollte man wissen, was man mit den Aktivitäten eigentlich erreichen will.

Will man seine eigenen Mitarbeiter unterhalten und den Teamgeist stärken, neue Mitarbeiter gewinnen oder Kunden? Je nach Zielsetzung müssen die veröffentlichten Beiträge unterschiedlich gestaltet werden. Wichtig ist – egal auf welcher Plattform – eine Regelmäßigkeit. Wer dafür keine Zeit hat, sollte sich Unterstützung durch einen Dienstleister holen.

Hashtag-Liste für grüne Kommunikation

Deutsch:

#nachhaltig

#nachhaltigkeit

#umweltschutz

#umweltfreundlich

#klimaschutz

#klimaneutral

#keinplanetb

#gutestun

#guterzweck

#gemeinsamwirken

#ökologisch / #oekoligisch

#plastikfrei

#plastikfreitag

#papierfrei

#büroleben

#büroalltag

#unverpackt

International:

#greenoffice

#greenofficechallenge

#greenwork

#greenbusiness
#greenmarketing

#newwork

#sustainable

#sustainabiliy

#sustainableoffice

#ecofriendly

#changemaker

#bethechange

#socialchange

#climatechange

#socialgood

#makinggood

#zerowaste

#lesswaste

#noplastic

#plasticfree

#upcycling

#recycling

#entrepreneursforfuture

6.5   Printwerbung

»Alles egal, Hauptsache digital« ist ein Spruch, den ich immer häufiger höre. Doch dass Print stirbt, ist ein weit verbreiteter Irrglaube. Noch immer sind gedruckte Werbemittel, von der Visitenkarte über den Infoflyer und die Unternehmensbroschüre bis hin zum Kundenmagazin, wichtige Kanäle, die alle digitalen Möglichkeiten, die es heute gibt, ergänzen. Und das unabhängig vom Alter der Zielgruppe. *Crossmedia* ist das Buzzwort der Stunde – also eine durchdachte Kombination verschiedener Medien und Kanäle. Die Medienmärkte wachsen unaufhaltsam zusammen und zu beobachten ist, dass das Internet die Druckindustrie sogar beflügelt.

Denken wir an die vielen Onlineshops, die ihre Kunden mit bedruckten Kartons beliefern und gedruckte Werbemittel, Retourenetiketten und weiteres beilegen. Printwerbung kann heute wesentlich gezielter eingesetzt werden als früher. Während vor einigen Jahrzehnten Flyer auf Masse produziert und auf gut Glück verteilt wurden, was mit großen Streuverlusten verbunden und alles andere als ökologisch war, erreicht man die breite Masse als Unternehmen heute über das Internet und kann Printwerbung an jene verteilen, die wirkliches Interesse haben.

6.6   Mitarbeiter- und Kundengeschenke

Die meisten Kunden, Partner und Mitarbeiter freuen sich über eine Aufmerksamkeit, beispielsweise zur Weihnachtszeit. Als ich zu diesem Thema eine kleine Umfrage in einer Unternehmergruppe auf Facebook startete, war das Ergebnis für mich zwar überraschend, doch eindeutig: Die meisten wären enttäuscht darüber, lediglich eine Karte mit dem Hinweis »Wir verzichten in diesem Jahr auf Geschenke und spenden das Geld an eine Organisation«, zu erhalten.

Diese Idee hatte ich zuvor intern mit meinem Team diskutiert und wir hatten sie für gut befunden. Nachdem wir die Umfrage ausgewertet hatten, mussten wir jedoch noch einmal umdenken und haben beschlossen, einen Teil des Budgets zu spenden und einen Teil in sinnvolle Geschenke zu investieren. Diese Lösung ist letztlich bei allen gut angekommen.

Nicht für jede Branche und Zielgruppe bieten sich die gleichen Produkte an, doch nachhaltige Alternativen zum typischen Jahreskalender gibt es zahlreiche. Kleine und mittelgroße Unternehmen können statt eines Standardgeschenks für alle individuelle Geschenke verteilen, die jedoch in etwa den gleichen Wert haben sollten.

Kulinarische Geschenke

- Honig aus der Region
- Saft aus der Region

- Fairtrade-Schokolade oder -Pralinen
- ausgewählte Tee- oder Kaffeesorten (Bio- und Fairtrade-zertifiziert)
- Bio-Wein

Praktische Geschenke

- Wiederverwendbare Kaffeebecher oder Glasflaschen für unterwegs
- Lunchbags aus veganem Leder oder Stoff
- Lunchboxen aus Edelstahl
- Bienenwachstücher
- Untersetzer aus Naturkork
- Jutebeutel (mit oder ohne Werbeaufdruck)

Geschenke für Naturfreunde

- Samenbomben
- Pflanzenbleistifte
- Kleines Insektenhotel
- Mini-Garten für den Schreibtisch
- Saisonkalender für Hobby-Gärtner

Duftende Geschenke

- Seifen aus einer kleinen Manufaktur
- Duftlampe mit ätherischem Öl
- Duftarmband oder Duftanhänger für ätherisches Öl
- Naturkosmetik-Handcreme

Spenden

Ob ausschließlich oder zusätzlich zu Kunden- und Mitarbeitergeschenken – Geld zu spenden ist immer eine gute Idee: etwa an einen Naturschutz- oder Tierschutz-verein oder ein lokales Hilfsprojekt.

6.7 Feiern und Ausflüge

Firmen-Feiern

Ob Weihnachts-, Sommer- oder Jubiläumsfest – es gibt zahlreiche Gründe, mit den Mitarbeitern und mitunter auch Kunden gemeinsam zu feiern. Und jede Feier bietet ein großes Potenzial für umweltfreundlicheres Handeln. Schon bei den ersten Schritten der Planung sollte deshalb deutlich gemacht werden, dass das Thema Nachhaltigkeit im Fokus stehen sollte.

Das ganze Jahr über Müll zu vermeiden, auf Produkte aus Plastik und Papier weitestgehend zu verzichten, Emissionen zu sparen, umweltverträgliche Lebensmittel anzubieten und all das dann auf einer Feier zu vernachlässigen, ist nicht der richtige Ansatz. Nicht nur verliert man dadurch schnell an Glaubwürdigkeit, auch wirkt sich ein solches Verhalten direkt negativ auf die CO_2-Bilanz des Unternehmens aus.

Die Themen, mit denen wir uns rund um das Green Office bereits detailliert beschäftigt haben, spielen also auch bei Firmen-Events eine Rolle. Auf Einwegprodukte wie Tischdecken, Geschirr, Besteck und Becher aus Plastik oder Papier sollte im Idealfall gänzlich verzichtet oder diese zumindest durch umweltfreundlichere Produkte, etwa aus Bambus, ersetzt werden. Gleiches gilt für Deko-Gegenstände wie Luftballons, Luftschlangen, Konfetti oder Girlanden: entweder darauf verzichten und Naturmaterialien zur Deko einsetzen oder wiederverwendbare Dekogegenstände benutzen. Diese können auch bei Partyveranstaltern gemietet werden.

Soll es Tischnummern oder Sitzplatzkarten geben, können diese entweder klimaneutral auf Recyclingpapier gedruckt oder von Hand beispielsweise auf Holzscheiben, kleine Tafeln, Fliesen, Steine oder Pflanzenblätter geschrieben werden. Werden Süßigkeiten angeboten, sollten diese nicht einzeln verpackt sein, gleiches gilt für Milch und Zucker. Einwegprodukte wie Papierservierten, die gerade auf größeren Events kaum durch die Stoffvariante ersetzt werden können, sollten aus recyceltem Material bestehen und einzeln ausgegeben werden, statt stapelweise zur Verfügung zu stehen.

Firmen-Ausflüge

Auch bei Firmen-Ausflügen kann das Thema Nachhaltigkeit im Vordergrund stehen. So ist ein gemeinsames Clean-up-Event beispielsweise eine schöne und zugleich nützliche Idee, die nebenbei das Image des Unternehmens stärken kann. Beim Clean-up tut sich eine Gruppe engagierter Menschen – in diesem Fall Kollegen – zusammen, um in der eigenen Region einen Geländeabschnitt von Müll zu befreien. Das kann ein Waldstück sein, ein Park oder Strand, aber auch ein Gewässer. Ausgestattet mit Eimern, Müllsäcken, Arbeitshandschuhen und Müllzangen geht es – zu Fuß oder mit Booten – los. Der gesammelte Müll wird im Anschluss getrennt und fachgerecht entsorgt.

Ein Clean-up kann auch als Teambuilding-Maßnahme dienen und bei Bedarf von einem Team-Coach professionell begleitet werden. Ein besonders sportliches Team kann das Ganze noch steigern und beim sogenannten »Plogging« Müll sammeln. Der Begriff ist ein Kofferwort, gebildet aus den Bestandteilen »plocka« (Schwedisch für »aufheben«) und »Jogging«. Mit Handschuhen und Abfallbehältnissen ausgestattet joggt man gemeinsam und macht immer wieder kurz Halt, um Müll aufzulesen. Eine Paddeltour kann man mit den Kollegen auch ohne damit verbundenes Müllsammeln unternehmen. In vielen Regionen werden begleitete Paddeltouren angeboten – etwa zu Biber-Burgen oder anderen Highlights der Natur. Für weniger seefeste Teams bieten sich klassische Radtouren oder Wandertouren an. Bei durch einen Förster, Naturpädagogen oder Wildkräuterexperten begleiteten Wandertouren kann man ganz nebenbei auch noch etwas über die heimische Natur lernen.

Wer sich der Natur noch mehr verbunden fühlen will, macht direkt ein Wildnis-Training. Dabei lernen die Teilnehmer beispielsweise, ohne Feuerzeug ein Lagerfeuer zu entzünden, Trinkwasser zu filtern, einen Unterschlupf zu bauen oder Essbares in der Natur zu erkennen. Ebenfalls für Action bei einem Ausflug an der frischen Luft sorgen Geocaching oder alternativ, sollte es keine Geocaching-Spots in der Nähe geben, eine selbst organisierte Schatzsuche. Was nach Kindergeburtstag klingt, kann auch bereits ergraute Anzugträger auflockern und für eine angenehme Stimmung im Team sorgen (ich habe es selbst erlebt).

Ein tolles Erlebnis kann auch das gemeinsame Pflanzen von Bäumen bei einem lokalen Aufforstungsprogramm sein. Handwerkliches Geschick können Mitarbeiter beim Bauen von Vogelhäusern, Nistkästen, Fledermaushäusern oder Insektenhotels unter Beweis stellen. Dies geschieht am besten unter fachmännischer Anleitung. Veranstalter solcher Firmen-Events laden entweder in ihre eigene Werkstatt ein oder kommen mit geeignetem Werkzeug und Baumaterialien ins Unternehmen.

Da Späne fallen, wo gehobelt wird, sollte die Aktion allerdings lieber im Garten oder auf dem Parkplatz – jedenfalls an einem Ort, der schmutzig werden darf – stattfinden. Weitere nachhaltige Ausflugsziele können ein Wildpark, eine (Fledermaus-)Höhle oder ein Hochseilgarten sein. Auch ein vegetarischer oder veganer Koch- oder Backkurs, bei dem sich das Team von der köstlichen Vielfalt tierleidfreier Gerichte selbst überzeugen kann, ist eine schöne Idee.

Ideen auf einen Blick:

- Clean-up
- Plogging
- Paddeltour
- Stand-up-Paddling
- Surfkurs für Anfänger
- Segelkurs für Anfänger
- Schnupper-Tauchkurs
- Radtour

- Wandertour (mit einem Naturpädagogen, Förster, Ornithologen, Wildblumen-experten oder in Begleitung von Alpakas)
- Canyoning
- Rafting
- Wildnis-Training/Bushcrafting
- Geo-Caching/Schatzsuche
- Bäume pflanzen in Aufforstungsprojekt
- Vogel- oder Fledermaushaus, Insektenhotel o. ä. bauen
- Wildpark, Vogelpark, Wildtier-Auffangstation oder Gnadenhof besuchen
- Besuch in (Fledermaus-)Höhle
- Ausflug in einen Hochseilgarten
- Vegetarischer/veganer Koch- oder Backkurs
- Firmengarten planen/anlegen
- Workshop mit Steinbildhauer/Holzbildhauer
- Upcycling-Workshop
- Kreativ-Workshop (Bienenwachspapier herstellen, Papier schöpfen, Kerzen gießen, filzen, stricken, häkeln o. ä.)
- Lokale, nachhaltige Hersteller besuchen (z. B. Bio-Winzer, Brauerei, Mineral-wasserquelle, Safthersteller, Bio-Hof oder -Bäcker)

6.8   Teilnahme an Wettbewerben

Die Teilnahme an Wettbewerben hat gleich mehrere Vorteile. So können dadurch der Zusammenhalt der Mitarbeiter gefestigt und die Motivation gesteigert werden. Aber auch die Bekanntheit des eigenen Unternehmens wird auf diese Weise gesteigert. Selbst, wenn man keinen der ersten Plätze belegt, können sich allein durch die Teilnahme neue Kontakte ergeben – etwa zu Mitgliedern aus der Jury oder Mitbewerbern. Manchmal wird auch die Presse auf ein interessantes Projekt aufmerksam, das für einen Preis nominiert worden ist und berichtet darüber, unabhängig vom Ausgang des Wettbewerbs.

Mit einer Auszeichnung kann man werben und seine Expertise unterstreichen. Potenzielle Kunden können überzeugt werden, bei bereits vorhandenen Kunden kann das Vertrauen in das Unternehmen oder die Marke gefestigt werden. Hat man es nicht aufs Treppchen geschafft, kann man den Grund hierfür ermitteln und als Anregung für Verbesserungen nutzen.

Mit unserer Werbeagentur haben wir beispielsweise 2018 erstmals am bundesweiten Wettbewerb »Büro & Umwelt« teilgenommen und nicht gewonnen. Im Jahr darauf haben wir in der Kategorie »Unternehmen mit bis zu 20 Mitarbeitenden«

den ersten Platz belegt. Dies lag nicht daran, dass die Konkurrenz 2018 stärker war, sondern daran, dass wir nach unserer Niederlage analysiert haben, was wir verbessern konnten und dies in den folgenden Monaten akribisch umgesetzt haben. Es waren viele Kleinigkeiten, die in der Summe letztlich dazu geführt haben, dass wir nach unseren Maßnahmen zu Deutschlands umweltfreundlichsten Büros gezählt haben und dafür ausgezeichnet wurden.

Die Teilnahme an Wettbewerben kann also auch dazu führen, dass man sich als Unternehmen weiterentwickelt, Defizite aufspürt, Prozesse verändert und sich im Ganzen verbessert. Ehe man sich für die Teilnahme an einem Wettbewerb entscheidet, sollte man sich informieren, ob die jeweils zu erlangende Auszeichnung in der eigenen Branche anerkannt wird.

Nicht jeder Wettbewerb, nicht jeder Veranstalter ist seriös. Vor allem bei Wettbewerben, bei denen bereits die reine Teilnahme mehrere hundert Euro kostet, sollte man genau hinschauen sein.

Büro und Umwelt

Seit 15 Jahren ruft der *B.A.U.M. e.V.* den bundesweiten Wettbewerb »Büro & Umwelt« aus. Der Teilnahmeantrag wird bequem über die Wettbewerbswebsite eingereicht. Anhand eines Punktesystems bewertet eine Fachjury das Engagement im Bereich Nachhaltigkeit in unterschiedlichen Unternehmensbereichen.

Abgefragt wird etwa der Umgang mit Büromaterialien – von der Beschaffung über die Nutzung bis zur Entsorgung. Auch die Themen Mülltrennung oder Reinigung werden unter die Lupe genommen. Die Teilnahme am Wettbewerb ist kostenfrei.

Die Gewinner werden auf der Messe *Paperworld* in Frankfurt auf einer Bühne ausgezeichnet und dürfen ein Interviewgespräch zur Eigenwerbung nutzen. Neben einer Urkunde gibt es einen Online-Banner, der ebenfalls zur Eigenwerbung genutzt werden darf. Im Zusammenhang mit diesem Wettbewerb dürfen sich die teilnehmenden Unternehmen außerdem über positive Presse freuen.

Deutscher Nachhaltigkeitspreis

Der Deutsche Nachhaltigkeitspreis gilt als die größte Auszeichnung ihrer Art in Europa und wurde 2021 bereits zum 14. Mal an Teilnehmer aus Wirtschaft, Forschung und Kommunen vergeben. Initiator ist seit der Gründung 2008 die *Stiftung Deutscher Nachhaltigkeitspreis* in Zusammenarbeit mit der Bundesregierung, dem *Rat für Nachhaltige Entwicklung* (RNE), kommunalen Spitzenverbänden, Wirtschaftsvereinigungen, zivilgesellschaftlichen Organisationen und Forschungseinrichtungen.

Der Deutsche Nachhaltigkeitspreis hat zum Ziel, nachhaltiges Handeln und die Grundsätze nachhaltiger Entwicklung in der öffentlichen Wahrnehmung zu stärken. Die Teilnahme kostet zwischen 250 und 950 Euro (zzgl. MwSt.) – gestaffelt nach Unternehmensgrößen. Studierende und Startups können auf Antrag kostenfrei teilnehmen. Die Preisverleihung erfolgt im Rahmen des Deutschen Nachhaltigkeitstages in Düsseldorf.

Bundesweiter Pflanzwettbewerb »Wir tun was für Bienen«

Seit 2016 veranstaltet die *Stiftung für Mensch und Umwelt* den bundesweiten Pflanzwettbewerb »Wir tun was für Bienen«. Jährlich sind neben Privatpersonen auch Firmen, Vereine und Kommunen aufgerufen, daran teilzunehmen. Mit Fotos und Texten, die sie online einreichen und dem Ausfüllen eines Fragebogens stellen sie ihr insektenfreundliches Pflanzprojekt vor.

Ob Balkon, Dachterrasse oder Garten ist dabei nicht entscheidend. Wichtig ist, dass überwiegend heimische Pflanzen wachsen und es neben einem reichen Futterangebot auch Nistplätze für Insekten gibt. Die Teilnahme ist für alle kostenfrei, gewinnen kann man ein Preisgeld von bis zu 400 Euro. Daneben gibt es Sachpreise und Urkunden.

Next Economy Award (NEA 2.0)

Der Next Economy Award (NEA) wird seit 2015 jährlich von der Stiftung Deutscher Nachhaltigkeitspreis vergeben. Nach einem inhaltlichen Relaunch und einer Kooperation mit *Evonik Industries* heißt der Wettbewerb seit 2022 NEA 2.0. Vergeben wird er an Start-ups, die den ökologischen und sozialen Wandel vorantreiben sowie seit 2022 auch an etablierte Unternehmen, die mit nachhaltigen Start-ups kooperieren. Die Bewerber halten einen Live-Pitch vor einer Jury, die die Gewinner bestimmt. Für Start-ups ist die Teilnahme kostenfrei, etablierte Unternehmen werden je nach Größe berechnet und zahlen zwischen 250 und 950 Euro. Sowohl Finalisten als auch Gewinner dürfen zur Eigenwerbung ein Siegel verwenden. Bei einer öffentlichen Preisverleihung haben sie darüber hinaus die Chance, auf sich aufmerksam zu machen.

6.9 Reporting

Nachhaltigkeitsbericht

Obwohl bislang lediglich große an der Börse gelistete Aktiengesellschaften und Unternehmen großen öffentlichen Interesses (wie etwa Banken oder Versicherungen) mit mindestens 500 Angestellten in der Pflicht stehen, jährlich Nachhaltigkeitsberichte zu veröffentlichen, tun das auch immer mehr kleine und mittelständische Unternehmen auf freiwilliger Basis.

Auf diese Weise erfüllen sie Transparenzversprechen und fördern das Vertrauen ihrer Kunden und Partner. Auch zur Selbstkontrolle und Optimierung kann das Erstellen eines Nachhaltigkeitsberichts hilfreich sein. Mit einer regelmäßigen Berichterstattung können gesetzliche Ziele überprüft, Risiken früh erkannt und auf Fehlentwicklungen rechtzeitig reagiert werden. Ein glaubwürdiger Nachhaltigkeitsbericht kann eine Abgrenzung zu Mitbewerbern schaffen und die Reputation des eigenen Unternehmens steigern. Oft werden Maßnahmen, die ein Unternehmen bereits seit Jahren oder gar Jahrzehnten für die Umwelt oder Gesellschaft umsetzt, durch einen Nachhaltigkeitsbericht zum ersten Mal sichtbar. Zwar ist ein solcher Bericht ein praktisches Werkzeug in der Nachhaltigkeitskommunikation und kann eingesetzt werden, um das Unternehmen positiv darzustellen – dennoch sollte darauf geachtet werden, Verbesserungspotenziale nicht auszulassen (Stichwort Greenwashing).

Bislang gibt es noch kein einheitliches Reporting System, das EU-weit gilt. Doch das kann sich schon bald ändern. Im Jahr 2021 hat die *Europäische Kommission* den Richtlinienvorschlag »Corporate Sustainability Reporting Directive – CSRD« vorgelegt, der im EU-Rat und im EU-Parlament bereits verhandelt wurde.

Mit dem Vorschlag sollen unter anderem auch die Vorgaben für die nicht-finanzielle – nachhaltigkeitsbezogene – Unternehmensberichterstattung geändert und aus der EU-Richtlinie (RICHTLINIE 2014/95/EU) eine EU-Verordnung werden. Diese soll bis Ende 2023 ins nationale Recht umgesetzt werden und ab dem Geschäftsjahr 2024 für große Unternehmen gelten, die bereits nach NFRD berichtspflichtig sind. Die bisherige Grenze von mindestens 500 Beschäftigten würde dann entfallen. Als »groß« eingestuft werden laut §§ 267 Abs. 3, 293 HGB Unternehmen, die mindestens zwei dieser drei Kriterien erfüllen:

- Die Bilanzsumme beträgt mindestens 20 Millionen Euro.
- Der Umsatz ist größer als 40 Millionen Euro.
- Die Beschäftigtenzahl beträgt mehr als 250 im Laufe des Jahres.

Damit wären statt bislang 11.600 Unternehmen künftig 49.000 betroffen. Weiterhin freiwillig soll die Berichterstattung für kleine und mittlere Unternehmen sein, doch für sie sollen einfachere Nachhaltigkeitsbericht-Standards geschaffen werden. Außerdem sollen sie künftig in der EU gelistet werden und damit Vorteile im Sinne der Nachweisführung bei Auftragsvergaben erlangen.

In 5 Schritten zum Nachhaltigkeitsbericht

Schritt 1: Konzept entwickeln

Während meiner Arbeit mit verschiedenen Unternehmen, die einen Nachhaltigkeitsbericht erstellen wollten, habe ich immer wieder einen vermeidbaren Fehler beobachtet: Konzeptlosigkeit. Voller Eifer haben sich Mitarbeiter bereits im ersten

Schritt in die Texterstellung gestürzt, nur um dann zu bemerken, dass das Ergebnis weder Hand noch Fuß hat.

Ein guter Nachhaltigkeitsbericht hat einen erkennbaren roten Faden, an dem sich der Leser entlang hangeln kann. Diesen roten Faden gilt es zunächst zu spinnen. Erst, wenn das Konzept steht, ist es sinnvoll, einen Schritt weiter zu gehen. Und das Konzept sollte sich nicht nur auf den Inhalt, sondern auch auf das Layout beziehen. Deshalb sollte in diesem ersten Schritt geprüft werden, was das Corporate Design bereits hergibt und wie gut die interne Bilddatenbank bestückt ist.

Wie oft haben wir als gestaltende Agentur im letzten Schritt wochenlang auf Fotos von Vorstandsmitgliedern unserer Kunden oder Logos von deren Partnerunternehmen gewartet, die abgebildet werden sollten. Es ist schade, wenn ein Nachhaltigkeitsbericht durch solche Gegebenheiten erst zu einem späteren Zeitpunkt finalisiert werden kann.

Deshalb sollte im ersten Schritt, in der Konzeption, auch direkt eine Liste mit benötigten Materialien angelegt werden. Eventuell müssen auch Termine für Interviews mit der Geschäftsführung, mit Mitarbeitern oder Stakeholdern abgestimmt werden. Diese Aufgabe fällt ebenfalls mit in den ersten Schritt. Auch sollte zu diesem Zeitpunkt bereits festgelegt werden, welchen externen Standards der Nachhaltigkeitsbericht entsprechen soll. Wer nicht zur Erstellung verpflichtet ist, kann auch erst einmal klein anfangen und muss sich nicht zwingend nach offiziellen Standards richten. Andernfalls bieten die folgenden drei nationalen und internationalen Rahmenwerke Orientierung:

Deutscher Nachhaltigkeitskodex:

Der Deutsche Nachhaltigkeitskodex richtet sich an kleine und große, private und öffentliche Unternehmen, die entweder berichtspflichtig sind oder freiwillig über ihre Nachhaltigkeitsleistung informieren wollen. Es handelt sich dabei um einen branchenübergreifenden Standard für die Nachhaltigkeitsberichterstattung.

Global Reporting Initiative:

Vor allem für Großunternehmen ist die Berichterstattung nach der *Global Reporting Initiative* (GRI) mit Sitz in Amsterdam der Quasi-Standard bei der Erstellung von Nachhaltigkeitsberichten.

UN Global Compact:

Die weltweit größte Initiative für verantwortungsvolle Unternehmensführung, *UN Global Impact*, verpflichtet ihre Mitglieder dazu, zehn universelle Prinzipien für eine nachhaltige Weltwirtschaft zu befolgen und jährlich über ihre Fortschritte zu berichten.

Schritt 2: Wesentlichkeit analysieren

Mithilfe der sogenannten Wesentlichkeitsanalyse (Material Analysis) werden im zweiten Schritt die Schwerpunktthemen des Nachhaltigkeitsberichts ermittelt. Diese können von Branche zu Branche variieren und auch von Unternehmen zu Unternehmen unterschiedlich gewichtet sein. Der Fokus sollte individuell auf jene Nachhaltigkeitsthemen gelegt werden, die für das Unternehmen und dessen Stakeholder von wesentlicher Bedeutung sind. Die Wesentlichkeitsanalyse kann helfen, diese relevanten Themen ausfindig zu machen, aber auch das operative Nachhaltigkeitsmanagement verbessern.

Schritt 3: Recherchen unternehmen

Zuverlässige Informationen und solide Kennzahlen bilden das Fundament eines guten Nachhaltigkeitsberichts. Diese zu recherchieren benötigt Zeit und Kontakte zu den richtigen internen und externen Ansprechpartnern. Fragebögen können das Zusammenstellen der Informationen erleichtern. Zur Erstellung dieser Fragebögen können die offiziellen Standards als Orientierung dienen – auch wenn diese nicht erfüllt werden müssen. Diese können an die zuständigen Fachkollegen verschickt und von diesen direkt ausgefüllt werden.

Räumen Sie den Kollegen hierfür genügend Zeit ein, doch legen Sie von vornherein eine Deadline fest. Alternativ oder ergänzend können Sie die Informationen in Interviewgesprächen abfragen. Die zusammengetragenen Informationen können Sie in Unterordnern sortieren und gegebenenfalls bereits für den nächsten Schritt – die Texterstellung – aufbereiten.

Schritt 4: Texte erstellen

Die ersten drei Schritte sind in der Regel noch gut von der internen Kommunikationsabteilung zu bewältigen. Geht es um die Texterstellung, kann es jedoch sinnvoll sein, eine Agentur oder einen freiberuflichen Texter hinzuzuziehen. Vor allem dann, wenn es sich um den ersten Nachhaltigkeitsbericht eines Unternehmens handelt. Auf dieser Basis können Textbausteine in den Folgejahren wiederverwendet und müssen lediglich aktualisiert und ergänzt werden. Je nach Umfang kann mehr als ein Texter nötig sein, um im geplanten Zeitrahmen zum Abschluss zu kommen.

Während der Texterstellungsphase sollten regelmäßige Feedbackschleifen eingeplant werden, mit internen und externen Verantwortlichen. Suchen Sie zur Unterstützung einen Texter, sollten Sie sich dessen Referenzen zeigen lassen. Hat er bereits Erfahrung in Ihrer Branche und gewisse Hintergrundinformationen? Hat er bereits Nachhaltigkeitsberichte geschrieben? Macht er auf Sie einen zuverlässigen und professionellen Eindruck?

Fehlt Ihnen das Budget für einen Texter oder eine Agentur und müssen oder wollen Sie die Texterstellung intern abwickeln, sollten Sie überlegen, ob nach Fertigstellung zumindest ein externes Korrektorat in Anspruch genommen werden soll.

Schritt 5: Layout gestalten

Der letzte Schritt, ehe der Nachhaltigkeitsbericht verbreitet werden kann, ist das Layout. Dieses sollte in der Planung einen hohen Stellenwert und ein vernünftiges Budget bekommen. Die Texterstellung kann noch so gelungen und der Informationsgehalt wertvoll sein – wenn die Gestaltung des Nachhaltigkeitsberichts einen unprofessionellen Eindruck macht, werden sich viele potenzielle Leser gar nicht erst die Mühe machen, den Inhalt zu studieren. Im schlimmsten Fall werden Sie ihn ungelesen zur Seite legen und der ganze Aufwand war umsonst.

Ein professionelles Layout sollte von einem ausgebildeten und in diesem Bereich erfahrenen Mediengestalter durchgeführt werden: entweder von einem Freiberufler oder einer Agentur. Beides hat Vor- und Nachteile. Wichtig ist unter anderem der Wiedererkennungswert – das Corporate Design Ihres Unternehmens sollte berücksichtigt werden. Darüber hinaus ist eine übersichtliche Aufmachung entscheidend, hochwertiges Bildmaterial und eventuell die Ergänzung von grafischen Elementen wie Tabellen oder Diagramme.

Vor der Gestaltung sollte die Zielgruppe klar definiert sein. Richtet sich der Nachhaltigkeitsbericht vorranging an B2B-Kunden oder geht es um B2C? Auch sollte bedacht werden, dass Nachhaltigkeitsberichte heutzutage in der Regel nicht nur in gedruckter Form verteilt, sondern auch im Internet zur Verfügung gestellt werden. Das Layout sollte eine gute Lesbarkeit auf digitalen Endgeräten berücksichtigen.

Und dann?

Der Nachhaltigkeitsbericht ist fertig, und dann? Nun wird er der Kommunikationsabteilung oder einer externen PR-Agentur anvertraut und verbreitet. In der Regel stellen Unternehmen ihre Nachhaltigkeitsberichte auf ihrer eigenen Website zum Download oder als Flipbook (blätterbares PDF) zur Verfügung, kündigen ihn in Newslettern und Pressemitteilungen an und versenden ihn an ein ausgewähltes Publikum – in digitaler oder gedruckter und gebundener Form. Welche Strategie die richtige für Ihr Unternehmen ist, sollte individuell betrachtet werden.

Tipp: Um die Glaubwürdigkeit zu erhöhen, kann der Nachhaltigkeitsbericht von einer externen Wirtschaftsprüfungsgesellschaft geprüft werden.

Gemeinwohlbilanz

Die »Gemeinwohl-Ökonomie« (GWÖ) ist ein alternatives Wirtschaftssystem, das den Menschen in den Fokus rückt. Ihren Ursprung hat diese Bewegung in Österreich, wo 2010 die ersten »Energiefelder«, wie sich die einzelnen – lokal agierenden – Gruppierungen der Bewegung nennen, gegründet wurden. Die Idee eines Wirtschaftens für das Wohlergehen der Allgemeinheit war nicht neu. Doch Initiator Christian Felber, tätig als Universitätslektor, hat sie gemeinsam mit einigen österreichischen Unternehmen 2010 mit der GWÖ konkretisiert.

Sie basiert auf zwei zentralen Aussagen. Nach diesen stehen statt einer Gewinnmaximierung die stetige Erhöhung des Gemeinwohls im Mittelpunkt und statt auf Konkurrenzdenken setzt man auf Kooperation. Auf den Ebenen Bildung, Politik und Wirtschaft soll die GWÖ ein Veränderungshebel sein. Das Ziel ist es, einen echten Wertewandel in unserem wachstumsorientierten Wirtschaftssystem zu bewerkstelligen.

Die Gemeinwohl-Ökonomie ist im Unternehmen die messbare Nachhaltigkeit. Während die Messung von sogenannten »weichen« Kriterien bisher denkbar schwierig war, werden diese durch die Gemeinwohlbilanz darstellbar und nachvollziehbar. Die Gemeinwohlbilanz ist das Herzstück der Bewegung, der sich inzwischen zahlreiche Unternehmen angeschlossen haben. Ihre Gemeinwohlberichte veröffentlichen und verbreiten sie. Wer hier Inspirationen sucht, wird schnell fündig.

Die Gemeinwohlbilanz ist auf fünf Wertesäulen aufgebaut:

- Menschenwürde
- Solidarität
- Mitbestimmung und Transparenz
- Soziale Gerechtigkeit
- Ökologische Nachhaltigkeit

Diesen werden insgesamt 17 Indikatoren zugeordnet, die wiederum eine klare Beurteilung ermöglichen. Eine konsistente Beurteilung, wo sich das Unternehmen auf dem Weg hin zum Gemeinwohl gerade befindet, ist das Hauptziel der Bilanz. Kontrolliert wird sie durch Gemeinwohlauditoren, die nach einer positiven Überprüfung ein für zwei Jahre gültiges Gemeinwohl-Testat erstellen.

Teil der Gemeinwohlbewegung zu sein, hat für Unternehmen unterschiedliche Vorteile. Neben einer ehrlichen Selbstkontrolle und dem Netzwerk der Bewegung können teilnehmende Unternehmen von einer Imageaufwertung profitieren.

6.10 Risiken und Chancen

6.10.1 Vorsicht: Greenwashing-Falle

Wer sich der Green-Office-Challenge gestellt und sie erfolgreich bestanden hat, wird damit für sich werben wollen. Ein umweltfreundliches Unternehmen genießt hohes Ansehen und kann die eigenen Marken oder Dienstleistungen stärken. Doch der Bereich Büro ist oft nur einer von vielen im Unternehmen. Wer jetzt überstürzt handelt, kann in die Greenwashing-Falle tappen. Hat diese einmal zugeschnappt, lässt sie nur schwer wieder ab und selbst wenn, können unschöne Narben bleiben.

Das Green Office ist lediglich eine Maßnahme des Green Marketings, das alle Unternehmensbereiche implementiert und von allen Beteiligten im Kern verankert und gelebt werden muss. Es erfordert eine umfangreiche Analyse, Beratung und ein umfangreiches Konzept. Einzelne Green Marketing Maßnahmen werden nach und nach eingeführt und zunächst vor Mitarbeitern, dann vor Stakeholder und erst zuletzt vor der Öffentlichkeit kommuniziert.

Wer einen dieser Schritte überspringt und mit einer einzelnen vermeintlich umweltfreundlichen Maßnahme offensiv wirbt, muss sich von der kritischen Öffentlichkeit schnell den Vorwurf gefallen lassen, sich lediglich »grün gewaschen« zu haben. Dass diese Vorwürfe, die sich im digitalen Zeitalter schnell verbreiten können, dem Image des Unternehmens und der Marke letztlich mehr schaden als nützen können, liegt auf der Hand. Also gilt es, die Greenwashing-Falle von vornherein zu umgehen und im Bereich Umweltschutz nicht hochzustapeln, sondern ehrlich und transparent zu bleiben.

6.10.2 10 Formen des Greenwashings

Greenwashing bezieht sich nicht immer auf Produkte oder Dienstleistungen, sondern kann sich auch auf die Unternehmensdarstellung beziehen. Man kann zehn Formen des Greenwashings unterscheiden, wobei oftmals Mischformen zu beobachten sind:

1) Beschönigung

»Wir haben zwar kein Biosiegel, aber unsere Tiere bekommen auch täglich Tageslicht und Frischluft.« Aussagen wie diese hört und sieht man immer wieder und nicht selten fühlen sich Tierschützer davon angesprochen und dazu berufen, Schwachstellen des Betriebs zu finden und hervorzuheben. Auch das gegeneinander Aufwiegen verschiedener Bereiche ist eine Art der Beschönigung, die als Greenwashing gedeutet werden kann: »Wir haben zwar eine Kaffeemaschine mit

Einwegkapseln, dafür kaufen wir ausschließlich Bio-Milch.« Eine positive Sache macht eine negative nicht wett.

2) Beeinflussende »Labels«, Bilder und Materialien

Prominentes Beispiel: Glücklich weidende Kühe auf einem Milchkarton. Bilder beeinflussen Kaufentscheidungen und beruhigen das Gewissen. Ebenso hervorragend zur Verbrauchertäuschung geeignet sind selbst erfundene Labels, die Nachhaltigkeit suggerieren. Diese sind nicht per se verboten, auch wenn sie keinerlei Aussagekraft haben oder durch eine offizielle Kontrollinstanz vergeben werden. Daneben kann die Wahl von Materialien in Richtung Greenwashing gehen.

Aktuell sieht man beispielsweise häufig Verpackungen und Werbematerialien aus mattem, großporigem Papier, das umweltfreundlich wirkt, aber nicht aus Altpapier oder anderswie nachhaltig hergestellt wurde. Manch findige Produktentwickler drucken einen Hintergrund in Papieroptik auf sogar auf Kunststoffmaterialien, um ihnen einen ökologischen Look zu verleihen.

3) Falschaussagen

Hier kann man kaum von einem Versehen ausgehen. Wer Behauptungen wie »Biologisch zertifiziert« aufstellt, ohne ein aktuelles Zertifikat zu besitzen, handelt in der Regel bewusst in der Absicht, Verbraucher zu täuschen. Manchmal sind Aussagen jedoch auch veraltet – etwa, wenn ein Zertifikat einmal gültig war, in der Zwischenzeit jedoch abgelaufen ist und nicht erneuert wurde.

Selbst wenn am Herstellungsprozess nichts verändert wurde und das Produkt nicht an Qualität eingebüßt hat und ein Zertifikat weiterhin verdient hätte, sollte man hier stets aktuell bleiben und entweder immer aktuelle Zertifikate vorweisen können oder Hinweise auf veraltete Zertifikate schnellstmöglich entfernen.

4) Fehlender Beweis

Behaupten kann jeder viel. Doch beweisen können ihre Behauptungen nur jene, bei denen wirklich etwas dahintersteht. Ehe Sie also die Behauptung aufstellen, in ihrem Büroalltag einen besonderen Fokus auf das Thema Nachhaltigkeit zu legen, sollten die ersten Schritte bereits gegangen und darstellbar sein.

5) Fehlende Bedeutung

Verbraucher werden nur allzu gerne mit Aussagen in die Irre geführt, die relevant klingen und wahr sind, aber keine Bedeutung haben. Etwa der typische Aufdruck »FCKW frei« auf Spraydosen – obwohl dieses Treibmittel in Deutschland bereits seit Jahrzehnten gesetzlich verboten ist. Bei Papier sind es beispielsweise Aussagen wie »holzfrei« oder »chlorfrei gebleicht« (siehe auch Abschnitt 5.1.4).

6) Fehlende Taten

Es ist wohl gemeinhin bekannt, dass sich die meisten Unternehmen besser darstellen, als sie wirklich sind. Übertreibungen sind auch in der Eigenwerbung üblich. Vorsichtig sollte man aber diesbezüglich auch sein, wenn es um das Thema Nachhaltigkeit geht. Wer Behauptungen wie »Nachhaltigkeit war unserem Unternehmen schon immer sehr wichtig« anstellt, sollte dies auch mit konkreten, bereits umgesetzten Beispielen nachweisen können, und wer lautstark ankündigt, auf dem Weg in Richtung Klimaneutralität zu sein, der sollte auch entsprechende Taten folgen lassen.

7) Fremde Federn

Unternehmen, die zugekaufte Technologien oder einen normalen technischen Fortschritt als eigenen unternehmerischen Erfolg darstellen oder sich für die Einhaltung gesetzlicher Regelungen – etwa zur Verringerung von CO_2-Emissionen – feiern lassen, müssen sich den Greenwashing-Vorwurf gefallen lassen.

8) Unklare Begriffe

Eine häufige Form des Greenwashings ist die Verwendung unklarer Begriffe, die Nachhaltigkeit suggerieren, aber in keiner Form geschützt sind oder offiziell nachgewiesen wurden. Typische Formulierungen sind beispielsweise »umweltfreundlich«, »natürlich«, »grün« oder »schadstofffrei«. Diese sollten immer mit Bedacht gewählt werden und erklärbar sein.

9) Verschleierung

Fördert ein Unternehmen einerseits umweltschädliche Projekte, verschweigt dies jedoch und wirbt gleichzeitig mit der Beteiligung an umweltfreundlichen Projekten, kann man von Verschleierung und damit einer Form des Greenwashings ausgehen.

10) Zweigleisige Absichten

Authentisches Green Marketing ist im Kern eines Unternehmens implementiert. Handelt ein Unternehmen in großem Stil gegen die Umwelt, etwa durch den Einsatz von Gentechnik oder die Produktion in Billiglohnländern, werden Verbraucher sensibel reagieren, wenn einzelne nachhaltige Projekte oder Produkte in den Vordergrund geschoben werden.

6.10.3 In die Greenwashing-Fall getappt, was nun?

Es ist keine Ausnahme, dass ein Unternehmen einen Imageverlust zu verkraften hat – wir lesen und hören davon täglich in den Medien. Denken wir an den Abgas-

Skandal von *VW*, der das Vertrauen der Verbraucher erschüttert, zahlreiche Mitarbeiter ihre Jobs, den Konzern mehrere hundert Milliarden Euro gekostet und Tochterunternehmen wie *Porsche* in Mitleidenschaft gezogen hat. Verbraucher sind aufmerksamer geworden, entlarven Lügen und falsche Versprechen schneller und strafen diese ab.

Ein Imageverlust kann über Jahre negative Auswirkungen haben und im schlimmsten Fall zum Untergang eines Unternehmens führen. Greenwashing-Vorwürfe sollten Unternehmen deshalb nicht auf die leichte Schulter nehmen. Ist an den Vorwürfen nichts dran, hat sich ein Unternehmen tatsächlich in eine grüne Richtung weiterentwickelt und kann dies belegen, muss es keinen großen Schaden befürchten.

Wird jedoch aufgedeckt und publik gemacht, dass sich das Unternehmen lediglich ein »grünes Mäntelchen« umgehängt hat, um zukunftsfähig zu bleiben, kann das gravierende Folgen haben. Aussitzen und abwarten, dass der Sturm vorüberzieht, ist keine zielführende Methode, um mit der Situation umzugehen.

Wer das Image seines Unternehmens wieder aufwerten und das Vertrauen von Kunden, Mitarbeitern und Geschäftspartnern langfristig zurückgewinnen will, muss handeln – und zwar mit Bedacht. Die begangenen Fehler zu bagatellisieren oder gar zu dementieren, kann genau das Gegenteil erreichen.

Doch wie kann man jemandem glaubhaft erklären, warum man ihn getäuscht oder dies zumindest versucht hat? Kein einfaches Unterfangen. Krisenexperten raten in diesem Fall zu einem kommunikativen Drei-Phasen-Plan:

Phase 1: Aufklären

Ist ein Greenwashing-Vorwurf – zu Recht – laut geworden, muss ein Unternehmen reagieren. In der ersten Phase sollte es der Öffentlichkeit eine Aufklärung der Vorwürfe zusichern, selbst wenn es sich der Schuld bereits bewusst ist. Die Schuldfrage ist nachrangig.

Unternehmen, die versuchen die Schuld auf einzelne Mitarbeiter oder Partner abzuwälzen, als Konsequenz eine Zusammenarbeit medienwirksam beenden und das Geschehene als Einzelfall abtun, werden damit in der Zielgruppe bewusster Konsumenten nicht punkten.

Diese Strategie kennen wir aus anderen Bereichen und sie wird nach Skandalen gerne angewandt. Im Bereich des Greenwashings sollte sie jedoch nicht die erste Wahl sein.

Phase 2: Verständnis zeigen

Ein Vertrauensmissbrauch ist mit Emotionen verbunden. Ebenso emotional sollte die Kommunikation sein. Verständnis und aufrichtiges Bedauern zu zeigen, kann die angespannte Situation in Phase zwei beruhigen.

Phase 3: Gegenmaßnahmen ergreifen

Wer bislang versäumt hat, eine Green-Marketing-Strategie zu erstellen und ein grünes Denken im Unternehmen zu manifestieren, sollte nun keine Zeit verlieren, diesen Missstand zu beseitigen. Ein Greenwashing-Vorwurf kann als Weckruf verstanden werden, im Unternehmen tatsächlich etwas zu verändern. Die geplanten Veränderungen können in Phase drei kommuniziert werden. Doch auch hierbei gilt wieder: nichts versprechen, was man nicht einhalten kann.

Nicht immer steckt eine böse Absicht dahinter, wenn ein Unternehmen des Greenwashings bezichtigt wird. Das kann schon passieren, wenn man den zweiten Schritt vor dem ersten geht und grüne Produkte ankündigt oder gar in den Markt einführt, ehe ein schlüssiges und standhaftes Green-Marketing-Konzept steht.

Einem Unternehmen, das in allen anderen Bereichen eher wenig bis gar nicht öko-sozial agiert, kauft der aufgeklärte Verbraucher ein solches Produkt im wahrsten Wortsinn nicht ab. Auch kann es passieren, dass eine übereifrige Marketingabteilung spontan auf den »Öko-Zug« aufspringen will, ohne tiefergehende Kenntnisse im Bereich des Green Marketing zu haben.

Green Marketing ist, wie wir in den vorherigen Kapiteln gelernt haben, wesentlich mehr als grün verpackter Werbesprech. Von leeren Worthülsen lassen sich heute nicht mehr viele Menschen beeinflussen und die wenigsten fallen ein zweites Mal auf ein haltloses Versprechen herein. Auch in der Zusammenarbeit mit externen Kommunikationsagenturen kann es passieren, dass Wordings erstellt und verwendet werden, die beim Verbraucher eine Erwartungshaltung auslösen, die nicht erfüllt werden kann.

6.10.4 FEHLER = HELFER

Schauen wir uns das Wort »Fehler« einmal genauer an, zerlegen es in seine Einzelteile und bauen es neu zusammen: Es entsteht das Wort »Helfer«. Fehler passieren, Fehler sind menschlich, Fehler können Helfer werden. Nehmen wir berechtigte Kritik an und winden uns nicht mit Ausreden heraus, sondern stehen wir dazu, nicht richtig gehandelt zu haben, nehmen wir jenen den Wind aus den Segeln, die uns eben das zum Vorwurf machen. Sie fühlen sich verstanden und gehört und im besten Fall hören sie uns ebenso zu. Entscheidend ist nun, was wir zu sagen haben und auch wer es sagt.

Kapitel 7

Was Unternehmen zusätzlich tun können

Jeder einzelne Mitarbeiter kann sich der Green-Office-Challenge stellen. Doch werden seinem Engagement gewisse Grenzen gesetzt, sofern er keine Führungsverantwortung und Entscheidungsfreiheit hat. Unternehmer haben zusätzliche Möglichkeiten, die noch weitreichender sind. Nachhaltigkeit ist ein Thema, das auch und nicht zuletzt auf Chefebene angegangen werden sollte.

7.1   In Sachen Energieversorgung

Wer sich der Green-Office-Challenge stellt, kommt um das Thema Energieversorgung ebenso wenig herum wie um das Thema Energiesparen. Die Aufgabe des Unternehmens ist es, möglichst energiesparende Technik anzuschaffen und Mitarbeiter anzuweisen, im Büroalltag schonend und umweltfreundlich mit Strom umzugehen. Mitarbeiter sollten diese Verantwortung ernstnehmen und ihr eigenes Verhalten optimieren (mehr dazu im Abschnitt 4.2.1).

Abhängig von Unternehmensgröße und Standort können weitere Maßnahmen durch das Unternehmen getroffen werden: so beispielsweise eine energetische Sanierung oder Modernisierung des Gebäudes oder der Büroräume, die Installation alternativer Energiequellen wie Solarzellen oder der Wechsel hin zu einem Ökostrom-Anbieter.

7.1.1   Was ist eigentlich Ökostrom?

Über Ökostrom wird in der Öffentlichkeit seit Jahren viel diskutiert. So hat vermutlich jeder schon einmal davon gehört. Doch was ist Ökostrom eigentlich? Gemeint ist mit diesem umgangssprachlichen Begriff – und auch mit synonym verwendeten Begriffen wie Naturstrom oder Grünstrom – Energie, die aus Erneuerbare-Energien-Anlagen (EEA) stammt.

Wie so häufig im Bereich grüner Produkte gibt es auch hierfür keine klare Definition oder festgeschriebene Kriterien und somit wird es Verbrauchern nicht gerade leicht gemacht, sich einen Überblick über die verschiedenen Anbieter und Produkte zu verschaffen.

Unter erneuerbaren Energien oder regenerativen Energien versteht man Energiequellen, die entweder unendlich zur Verfügung stehen oder innerhalb kurzer Zeit nachwachsen können. Hierzu zählen Wasserkraft, Solar- und Windenergie, Biomasse sowie Geothermie. Ökostrom ist also streng genommen jener, der durch EEA erzeugt wird.

Ist Ökostrom wirklich besser?

Fakt ist: Die Förderung von Gas, Kohle, Uran und Öl zerstört unseren Planeten – zum einen direkt durch Umweltzerstörung und die Belastung des Klimas und zum anderen indirekt durch bewaffnete Konflikte. Ein Endlager für Atommüll hat man bis heute noch nicht gefunden. Vor diesem Hintergrund ist Ökostrom aus heutiger Sicht besser. Auch im Hinblick auf die Endlichkeit der Ressourcen Gas, Kohle, Uran und Öl ist Ökostrom besser. Die Wahl eines Ökostromtarifs ist aktuell in Deutschland dennoch nicht viel mehr als ein Statement für die Energiewende. Der lokale Ausbau erneuerbarer Energien wird hauptsächlich über die EEG-Förderung realisiert.

Ökostrom ist nicht gleich Ökostrom

Mit wachsender Nachfrage nach Ökostrom-Tarifen ist in den vergangenen Jahren auch das Angebot stetig gewachsen. Im Jahr 2017 hatten bereits 80 % der deutschen Stom-Anbieter mindestens einen Ökostrom-Tarif zur Auswahl. Ökostrom-Tarife sind heute preislich vergleichbar mit herkömmlichen Tarifen, häufig sogar günstiger als die Grundversorgung. Wer Ökostrom bei einem Anbieter bucht, kann jedoch nicht davon ausgehen, dass dieser tatsächlich aus seiner Steckdose fließt. Denn noch würde der durch EEA erzeugte Strom hierzulande nicht ausreichen, um alle Verbraucher damit zu 100 % zu versorgen. In die Stromnetze wird also auch Strom aus anderen Quellen gespeist – etwa aus fossilen Energieträgern wie Kohle oder Erdgas sowie aus Atomkraftwerken. Der Verbraucher erhält in der Regel also einen Strommix. Aus welchen Anteilen dieser im Einzelfall besteht, kann man auf der Endabrechnung nachlesen.

Deutsche Stromanbieter sind inzwischen verpflichtet, Herkunftsnachweise zu kaufen. Herkunftsnachweise aus Deutschland gibt es kaum, die meisten stammen aus Skandinavien, weitere aus Österreich, Frankreich oder der Schweiz. Das liegt unter anderem daran, dass die EEG-Förderung für Strom-Produzenten lukrativer ist, als der Verkauf von Herkunftszertifikaten und beides gleichzeitig nicht möglich ist. So liefern sie zwar Ökostrom ins allgemeine Stromnetz, können Strom-Anbietern die Herkunft jedoch nicht nachweisen. Viele deutsche Strom-Anbieter kaufen Herkunftszertifikate im Ausland ein. Beispielsweise bei einem Wasserwerk in Norwegen. Dieses produziert Ökostrom und versorgt damit die lokale Bevölkerung. In Deutschland kommt dieser Strom nicht an. Weil das norwegische Wasserwerk dem deutschen Strom-Anbieter einen Herkunftsnachweis verkauft hat, darf es die entsprechende Menge nicht mehr selbst als Ökostrom deklarieren. Die lokale Bevölkerung wird also mit Ökostrom versorgt, der auf dem Papier als Graustrom gilt, und andersherum erhalten Verbraucher in Deutschland womöglich Graustrom bzw. einen Strommix, der zu Ökostrom umdeklariert wurde. Global betrachtet bleibt es zwar bei der gleichen Menge an Ökostrom – weshalb der Vorwurf des »Etikettenschwindels« etwas hoch gegriffen wäre – für den Ausbau erneuerbarer Energien in Deutschland sind solche Tarife jedoch nicht sinnvoll.

Das Umweltbundesamt empfiehlt zwei Qualitätssiegel, um im Ökostrom-Dschungel eine Orientierung zu bekommen: das »ok-power«-Gütesiegel sowie das »Grüner Strom«-Label. Daneben gilt das Siegel »Geprüfter Ökostrom« des *TÜV Nord* als seriös. Bei ihrer Suche nach einem passenden Anbieter und Tarif sollten Verbraucher darauf achten.

7.1.2 Ökostrom-Anbieter

Den passenden Ökostrom-Anbieter zu finden, ist inzwischen mit etwas Recherche verbunden, denn immer mehr konventionelle Strom-Anbieter springen auf den Zug auf und preisen ihre Tarife grüner an, als sie wirklich sind. Doch der Wechsel lohnt sich – nicht nur für die Umwelt und das Klima, sondern teilweise auch für den Geldbeutel.

Im Idealfall hat Ökostrom eine Ausbauwirkung, das heißt, die Nachfrage sorgt für den Bau neuer Ökostrom-Anlagen – über die Wirkung staatlicher Förderungen hinaus. Denn nur dadurch können langfristig Kohlekraftwerke und Atomkraftwerke abgelöst werden.

Folgende Kriterien sollten Ökostrom-Anbieter im Idealfall erfüllen:

- Der angebotene Strom stammt zu 100 % von erneuerbaren Energien.
- Der Anbieter bietet ausschließlich Ökostrom und darüber hinaus keine konventionellen Tarife an.
- Der Anbieter ist unabhängig von den großen Kohle- und Atomkonzernen und keine Tochtergesellschaft eines konventionellen Stromanbieters.
- Der Anbieter ist in den »Eco Top Ten« gelistet.
- Der Anbieter kann seine aktive Förderung erneuerbarer Energien mit dem Siegel »ok-power« (im Idealfall »ok-power plus«) oder »Grüner Strom« belegen.

Sieben Ökostrom-Anbieter*, die möglichst viele dieser Kriterien erfüllen sind:

- *Bürgerwerke*
- *ElektrizitätsWerke Schönau* (EWS)
- *Greenpeace Energy*

- *MANN Strom*
- *Naturstrom*
- *Polarstern Energie*
- *Prokon Strom.*

*Diese Empfehlungen folgen denen von *EcoTopTen*, *NABU* und *ROBIN WOOD*.

7.2　Grüne Banken und Versicherungen

Ich weiß: Über Geld redet man nicht, Geld hat man. Aber lassen Sie uns trotzdem über Geld reden – und zwar über das, das man hat. Was passiert in diesem Moment mit dem Geld, das vermeintlich auf ihrem Konto »liegt«? Ich mache es kurz: Es liegt nicht einfach nur herum, stattdessen arbeitet ihre Bank damit und auch Ihre Versicherungen tätigen Investitionen, die Ihnen vielleicht gar nicht recht sind.

In seinem Report 2018 listet das Projekt »Don't bank on the bomb« Unternehmen auf, die in Atomwaffen investieren – auch der deutsche Versicherungskonzern *Allianz* oder die *Deutsche Bank* sind dort in der »Hall of Shame« aufgeführt.

»Grüne« Banken legen transparent offen, was mit Ihrem Geld geschieht, und räumen Ihnen mitunter ein Mitbestimmungsrecht ein. Außerdem halten sie sich an Ausschlusskriterien für ihre Investitionen. In der Regel investieren sie nicht in Unternehmen, die Geschäfte mit Gentechnik, Tierversuchen, Suchtmitteln, Kinderarbeit oder Menschenrechtsverletzungen machen. Nachzulesen sind die Ausschlusskriterien auf den Websites der »grünen« Banken.

Zu diesen zählen etwa die:

- *Triodos Bank*
- *UmweltBank* (bietet ein Geschäftskonto aktuell ausschließlich Kunden an, die eine Bau- oder Projektfinanzierung bei der UmweltBank abgeschlossen haben)
- *Tomorrow* (bietet aktuell kein Geschäftskonto an)
- *GLS Bank*
- *Ethikbank*

Auch in Sachen Versicherungen, egal ob Rente oder Krankenkasse, lohnt es sich, Informationen über deren getätigten Investitionen einzuholen. Die Allianz ist nicht das einzige Versicherungsunternehmen, das diesbezüglich in der Kritik von Umwelt- und Menschenrechtsaktivisten steht.

Neben Banken sind es auch Versicherer, die Nachhaltigkeit blockieren oder fördern – durch das Kapital, das sie verwalten. Versicherungsunternehmen entscheiden, ob Kapitalströme in Atomkraft und Waffen oder in Solaranlagen und Projekte von gesellschaftlichem Wert fließen.

Ähnlich wie bei »grünen« Banken gibt es bei »grünen« Versicherungen Negativkriterien, an die sich die Unternehmen bei Investitionen halten. Typische Investitionsobjekte sind beispielsweise erneuerbare Energien, ökologische Landwirtschaft, soziale Wirtschaft (Schulen, Seniorenheime, Krankenhäuser) oder fairer Handel.

Zu »grünen« Versicherungsunternehmen zählen beispielsweise:

- *BKK24*
- *BKK ProVita*
- *Securvita BKK*
- *Barmenia Versicherungen*
- *Concordia oeco*
- *Pangaea Life*
- *Waldenburger Versicherung*
- *Grün versichert*
- *Ver.de*
- *Greensurance*
- *MehrWert*
- *Fibur*
- *Ökoworld*
- *VAV Transparente*

Sowohl »grüne« Banken als auch Versicherungen legen zudem oftmals Wert auf eine nachhaltige Unternehmensführung, haben ihren Firmensitz beispielsweise in einem Green Building.

7.3 Grüne Technik

Unter »Green IT« versteht man im Allgemeinen das Bestreben, die Nutzung von Informations- und Kommunikationstechnik in deren gesamtem Lebenszyklus umwelt- und ressourcenschonend zu gestalten. Das beginnt bei der Optimierung des Ressourcenverbrauchs während der Herstellung und geht weiter über den Umgang während der Betriebszeit bis hin zur Entsorgung der Geräte.

Wer sich der Green-Office-Challenge stellt, kommt auch an diesem Themenfeld nicht vorbei. In der Regel wird die meiste Zeit im Büro an einem Computer gearbeitet. Im Jahr 2018 sind allein in deutschen Unternehmen und Behörden knapp

35,3 Millionen Computer eingesetzt worden, fast ein Viertel mehr als noch im Jahr 2010.

Zwar sind die einzelnen Geräte effizienter geworden, dennoch sind Computer für 41 % des Stromverbrauchs im Büro verantwortlich. Bereits bei der Anschaffung der Technik gibt es einiges zu beachten, doch auch bei der Benutzung kann man alte Gewohnheiten ablegen oder optimieren, wenn man das Klima und die Umwelt schützen will.

7.3.1 Computer

Neue oder neuwertige gebrauchte Geräte bieten unter anderem den Vorteil, weniger Energie zu verbrauchen. So verbrauchen moderne TFT-Monitore etwa 50 bis 70 % weniger Energie als alte Röhrenmonitore. Neben dem Monitor sind auch der Prozessor und die Grafikkarte für den Stromverbrauch mitverantwortlich. Für einfache Büroarbeiten wird keine High-End-Grafikkarte benötigt, die bis zu 100 Watt zusätzlich verbrauchen kann. Bei der Wahl des Prozessors kann auf bestimmte Funktionen geachtet werden – etwa auf »cool'n'quiet« –, die bis zu 50 Euro Stromkosten im Jahr einsparen können.

Gleiches gilt beim Vergleich zwischen Laptops oder Notebooks und PCs. Während Laptops oder Notebooks mit 50 bis 70 Watt, manche sogar mit 30 Watt auskommen, fordern PCs 200 bis 300 Watt oder mehr. Jährlich macht das bei nur einem Gerät einen Unterschied von 130 Kilo CO_2. Wer in seinem Büroalltag vorwiegend Programme wie Word und Excel verwendet und gelegentlich im Internet surft, kann mit einem Laptop oder Notebook einen nennenswerten Unterschied machen, ohne in der Arbeit eingeschränkt zu sein. Ein weiterer Vorteil dieser kompakten Geräte: Bereits während der Herstellung werden weniger Rohstoffe und Energie verbraucht.

Für manche Berufsgruppen und Aufgabenfelder kommt das nicht in Frage und es ist eine gewisse Rechenleistung gefragt, die für die Anschaffung eines Desktop-Computers spricht. Dann kann zumindest auf die Energieeffizienz geachtet und bei der Arbeit selbst auf ein sparsames Verhalten geachtet werden. Geräte, die sich bei Bedarf erweitern lassen, sollten bevorzugt werden, ebenso Geräte, deren Hersteller eine sinnvolle Rücknahme anbieten. Unabhängige Prüfsiegel wie »Energy Star« oder »Blauer Engel« zeichnen besonders energieeffiziente Geräte aus und können bei der Kaufentscheidung eine Orientierungshilfe sein.

7.3.2 Drucker

Bei der Wahl des richtigen Druckers ist die Größe des Unternehmens oder der Abteilung von Bedeutung. Ein Einmannbetrieb hat selbstverständlich andere Anforderungen an ein solches Gerät als ein Großraumbüro. Bei mehreren Mitarbeitern ist ein zentral zugänglicher Netzwerkdrucker eine sinnvolle Investition –

nicht jeder Arbeitsplatz oder jedes Büro (bei mehreren Räumen) braucht einen eigenen Drucker.

Steht die Anzahl der benötigten Geräte fest, stellt sich noch die Frage, ob ein Laser- oder ein Tintenstrahldrucker die richtige Wahl ist. Im Hinblick auf das Thema Umweltschutz sind moderne Tintenstrahldrucker vorzuziehen. Diese verbrauchen bis zu 80 % weniger Strom gegenüber vergleichbaren Laserdruckern, denn die Technologie entwickelt für den Druck nahezu keine Wärme. Würde jedes Unternehmen in Deutschland von Laserdruckern auf moderne Tintenstrahldrucker umsteigen, könnte man mit dem so eingesparten Strom 170.000 Haushalte versorgen.

Der *Quocirca*-Nachhaltigkeitsstudie zufolge ist in Deutschland bereits jedes sechste der befragten Unternehmen von Laser- auf Tintenstrahltechnologie umgestiegen, ein weiteres Drittel, darunter vor allem kleine und mittlere Unternehmen, befasst sich gerade mit dem Thema.

Neben der möglichen Energiereduktion sprechen weitere Faktoren aus ökologischer Sicht für Tintenstrahldrucker. So stoßen diese etwa keinen schädlichen Feinstaub aus, wie Laserdrucker es tun. Beim Kauf sollte darauf geachtet werden, dass die Drucker sparsam mit der verwendeten Tinte umgehen. Durch energieeffiziente Tintenstrahltechnologie können jährlich mehr als 58.000 Tonnen Abfall eingespart werden. Mit nur einem Liter Tinte bedrucken moderne Tintenstrahldrucker rund 75.000 Seiten.

Dennoch ist das Thema Abfall nicht außer Acht zu lassen: Laut *B.A.U.M. e. V.* wurden im Jahr 2017 in Deutschland 60,4 Millionen Tinten- und 16,6 Millionen Tonerpatronen verbraucht. Diese landen überwiegend auf dem Müll, obwohl man vor allem die Tonerpatronen unkompliziert auffüllen lassen und damit wiederverwenden kann. Im Internet findet man eine Vielzahl an Dienstleistern, die diesen Service anbieten – oftmals auch vor Ort.

Wer im Homeoffice arbeitet oder ein kleines Unternehmen führt und technisch versiert ist, kann das Auffüllen auch selbst übernehmen. Hierbei gibt es jedoch einiges zu beachten, damit die Patrone anschließend vom Drucker erkannt wird und nicht ausläuft. Durch das Wiederverwenden handelt man nicht nur umweltbewusst, man kann außerdem Geld sparen.

(Mit welchen Einstellungen am Computer man Druckerpapier und Tinte sparen kann, lesen Sie gerne die Abschnitte 5.1 und 4.2.1.)

7.3.3 Entsorgung ausgedienter Technik

Haben alte Geräte ausgedient, gibt es verschiedene Wege einer möglichst umweltfreundlichen Entsorgung. Solange sie funktionsfähig sind, können sie, nachdem sie entsprechend aufbereitet wurden, über Kleinanzeigenportale im Internet verkauft oder an soziale Einrichtungen oder Schulen gespendet werden.

Wer sich selbst nicht darum kümmern möchte, kann sich an Organisationen beziehungsweise Unternehmen wenden, die alte Geräte abholen, aufbereiten und vermitteln, beispielsweise die *AfB gGmbH*, deren Webauftritt unter afbshop.de erreichbar ist. Bei Europas größtem gemeinnützigem IT-Unternehmen sind an 20 Standorten in Deutschland, Österreich, Frankreich, der Schweiz und der Slowakei rund 500 Mitarbeiter beschäftigt, davon 45 % mit Behinderung. Der IT-Refurbisher übernimmt nicht mehr benötigte IT- und Mobilgeräte, löscht noch enthaltene Daten unwiderruflich, rüstet die Geräte auf, installiert neue Software und verkauft sie mit einer 12-monatigen Garantie hauptsächlich an Privatpersonen, gemeinnützige Einrichtungen und Schulen.

Sind Geräte hingegen defekt und ist eine Reparatur aussichtslos, müssen sie fachgerecht und unter Berücksichtigung ökologischer Standards (zerlegt und) entsorgt werden. Auf keinen Fall dürfen sie im Restmüllcontainer landen. Das Elektroschrott-Gesetz verpflichtet Händler, auch Onlineshops, alte Geräte zurückzunehmen – kleine Geräte, die eine Größe von 25 Zentimetern Kantenlänge nicht überschreiten, sogar kostenlos. Diese Regelung gilt unabhängig davon, ob man bei diesem Händler im Anschluss neue Geräte kauft. Alternativ kann ein Elektroschrott-Container oder ein Wertstoffhof aufgesucht werden. Auch hier können Altgeräte kostenlos entsorgt werden. Die App »eSchrott« kann bei der lokalen Suche behilflich sein.

Eine schöne Idee, die Mitarbeiter dazu motiviert, nicht nur Diensthandys, sondern auch ihre privaten Althandys zu recyceln, ist das Aufstellen einer Sammelbox im Büro. Darin werden über einen gewissen Zeitraum Althandys (ohne SIM- und Speicherkarten) und auch Ladekabel gesammelt und im Anschluss an einen Verein gespendet. Vereine, die spezielle Programme dafür entwickelt haben, sind etwa der *NABU* (nabu.de/umwelt-und-ressourcen/aktionen-und-projekte/handysammlung) oder *Pro Wildlife* (prowildlife.de/helfen/handys-sammeln). Die Sammelbox sollte an einem Ort aufgestellt sein, der überwacht wird, damit keine Geräte von Unbefugten entwendet werden können. Eine Benachrichtigung an alle Mitarbeiter macht auf die Aktion aufmerksam.

7.4   Auf Geschäftsreisen

Vor der Corona-Krise gab es in Deutschland jedes Jahr mehr als 100 Millionen Geschäftsreisen, von denen etwa 10 % ins Ausland gingen, so eine Studie des *Deutschen Reiseverbands*. Für viele Unternehmen gehören Kurzstreckenflüge noch immer zum Alltag, weil sie eine Zeitersparnis bringen können und Flugtickets oftmals günstiger sind als beispielsweise Bahntickets.

Aus ökologischer Sicht ist das eine Katastrophe, deren Ausmaße vielen nicht bewusst zu sein scheinen. Auch wenn mittlerweile von »Flug-Scham« die Rede ist und viele Menschen bei der Buchung eines Flugtickets zumindest ein schlechtes Gewissen haben, steigen die Zahlen der Flugreisen nach wie vor.

Viele Airlines bieten inzwischen die Möglichkeit, bei der Buchung eine Spende für die Kompensation des verschuldeten CO_2-Ausstoßes zu zahlen, doch nur 3 % der deutschen Fluggäste haben dieses Angebot 2018 in Anspruch genommen. Grundsätzlich raten Experten dazu, bei Strecken unter 800 Kilometern gänzlich auf Flüge zu verzichten. Unternehmen wie der Fernsehsender *Tele 5*, die Kommunikationsagentur *Richel Stauss*, die Frauengenossenschaft *Weiberwirtschaft eG* und der Ökostrom-Anbieter *Naturstrom AG* gehen mit gutem Beispiel voran und verzichten bereits auf Kurzstreckenflüge – nach eigenen Angaben dem Klima zuliebe.

Ist das Video-Meeting keine Alternative zum persönlichen Treffen vor Ort, sollte der Fernreisebus das Beförderungsmittel der ersten Wahl sein, gefolgt vom Zug und erst dann vom Auto (das im Idealfall von mehreren Reisenden besetzt ist). Über eine Mitfahrzentrale kann man Menschen finden, die das gleiche Ziel haben, sofern es keine Kollegen gibt, die mitreisen. Muss es trotz aller Nachteile das Flugzeug sein, sollte man, falls angeboten, eine Direktverbindung buchen, auch wenn diese teurer ist als eine mit Zwischenstopp.

Am Reiseziel angekommen sollte der öffentliche Nahverkehr bevorzugt oder ein Fahrrad gemietet werden, sofern die Entfernung von der Unterkunft zum Arbeitsort oder Treffpunkt nicht zu Fuß zu erreichen ist. Sollte eine Übernachtung notwendig sein, kann man bewusst nach einer nachhaltigen Unterkunft suchen und zu Geschäftsessen, sofern man vor die Wahl gestellt wird, ein nachhaltiges Restaurant auswählen. So hat man direkt ein Gesprächsthema und kann sich über Nachhaltigkeit am Arbeitsplatz austauschen. Vielleicht gelingt es dadurch, die Geschäftspartner zu inspirieren oder man erhält andersherum wertvolle Tipps zu Maßnahmen, die diese bereits umgesetzt haben.

Manchmal kommt es vor, dass trotz aller Gründe, die dagegensprechen, Fernreisen im Geschäftsleben notwendig sind. In diesem Fall sollte man sich über die örtlichen Gegebenheiten informieren. So ist es in vielen Ländern beispielsweise aus gesundheitlichen Gründen nicht ratsam, Leitungswasser zu trinken und es gibt Mineralwasser vor Ort ausschließlich in Plastikflaschen oder -kanistern zu kaufen, die anschließend im Müll landen – weil es kein Pfandsystem gibt. Hier vor der Buchung darauf zu achten, dass die Unterkunft mit einem Wasserfilter ausgestattet ist, durch den das Leitungswasser genießbar wird, ist ein kleiner Beitrag zur Müllvermeidung vor Ort.

Oftmals findet man in Unterkünften Klimaanlagen vor, die eine große Menge Energie verbrauchen und damit echte Energiesünder sind. Ohne eingeschaltete Klimaanlage ist das ungewohnte Klima mancherorts für uns Europäer aber kaum auszuhalten. Ein möglicher Kompromiss ist in diesem Fall, die Klimaanlage nur bei Bedarf einzuschalten und diese immer auszuschalten, wenn man die Unterkunft für eine längere Zeit verlässt.

Wer es sich bei der Recherche nach einer nachhaltigen Unterkunft leichter machen will, kann auf Siegel wie das »TourCert« oder »Green Globe« achten oder nutzt das Angebot einer Online-Plattform wie bookitgreen.com. Die dort gelisteten Unterkünfte können bis zu 15 von der Plattform festgelegte Kriterien erfüllen und werden entsprechend mit mindestens einem und maximal fünf grünen Blättern bewertet. Das Bewertungssystem soll Reisenden als Indikator dafür dienen, wie nachhaltig eine Unterkunft ist.

Die Kriterien sind: Energiespar-Beleuchtung, nachhaltige Bauweise, regionale Lebensmittel, biologische Lebensmittel, ökologische Reinigungsmittel, Handtuchtausch auf Nachfrage, wassersparende WCs, Wassersparhähne, Klasse-A-Haushaltsgeräte, Regenwasseraufbereitung, 100 % Ökostrom, Erreichbarkeit mit ÖPNV, bewusste Müllvermeidung, 80 % Recycling, regenerative Energiegewinnung.

7.4.1 Vorbereitung auf eine Geschäftsreise

Wer längere Zeit nicht zu Hause sein wird und keine Mitbewohner hat, der kann vor seiner Abreise einige Punkte von seiner To-do-Liste abhaken, um die Umwelt nicht unnötig zu belasten:

- Kühlschrank (bei längeren Reisen auch den Gefrierschrank) leerräumen und ausschalten. Leicht verderbliche Lebensmittel und solche, die während der Abwesenheit ablaufen würden, aufbrauchen oder verschenken.

- Zimmerpflanzen mit Bewässerungssystem versorgen – eine gefüllte und mit der Öffnung in der Erde versenkte Glasflasche erfüllt diesen Zweck ebenso.

- Die Heizung ausschalten beziehungsweise im Winter auf Minimaltemperatur herunterregeln.

- Alle Stecker ziehen oder Steckdosenleisten mit Kippschaltern ausschalten.

- Sparsam packen – je geringer das Gewicht des Gepäcks, desto geringer die dadurch beim Transport verursachten Emissionen.

7.4.2 CO_2-Ausstoß pro Person und Kilometer

(Angaben des Umweltbundesamtes)

Reisebus: 32 g

Bahn Fernverkehr: 38 g

Bahn Nahverkehr: 63 g

Straßenbahn: 65 g

Linienbus: 75 g

Auto: 140 g

Flugzeug: 211 g

Tipp

Mit dem Online-Generator auf `calculator.carbonfootprint.com` kann man vor einer Geschäftsreise die CO_2-Bilanz verschiedener Verkehrsmittel für die individuelle Strecke berechnen lassen.

Kapitel 8

Bürogebäude der Zukunft

8.1 Außen

In der gängigen Definition von »Green Office« wird die Teilsparte »Green Building« genannt. Das Gebäude, in dem ein Unternehmen sitzt, spielt eine nicht unerhebliche Rolle, wenn es beispielsweise darum geht, Ressourcen wie Energie und Wasser zu sparen. Auch können schädliche Auswirkungen auf die Umwelt und die menschliche Gesundheit reduziert, in einigen Bereichen sogar vermieden werden. Darüber hinaus kann das grüne Gebäude Teil der Corporate Identity (CI) und eine Art »räumliche Visitenkarte« sein. Wer davor steht, ein Gebäude zu bauen, zu sanieren oder zu renovieren, und auch wer in der Rolle eines zukünftigen Mieters oder Pächters auf der Suche nach einem geeigneten Gewerbeobjekt ist, kann eine Menge in Sachen Nachhaltigkeit beachten.

8.1.1 Zertifizierungssysteme

Ein grünes Gebäude kann unter der Berücksichtigung einiger Kriterien ein offizielles »Green Building Label« erhalten, das eine gute Orientierungshilfe darstellt. Es gibt unterschiedliche Zertifizierungssysteme in Europa.

Die drei wichtigsten sind:

- LEED (Leadership in Energy and Environmental Design)
- BREEAM (Building Research Establishment Environmental Assessment Method)
- DGNB (Deutsche Gesellschaft für Nachhaltiges Bauen).

In Deutschland ist mit einem Marktanteil von 64 % vor allem die Zertifizierung durch die *DGNB* von Bedeutung. Das DGNB-Zertifizierungssystem beinhaltet als größtes Netzwerk für nachhaltiges Bauen in Europa länderübergreifende Standards und gibt nicht nur an, ob, sondern auch wie grün ein Gebäude ist. Mehr als 5000 Projekte in knapp 30 Ländern sind bereits durch die *DGNB* zertifiziert worden.

Nachhaltigkeit basiert auch im Bereich Bauen auf dem gängigen Drei-Säulen-Modell, das aus Ökonomie, Ökologie und Sozialem besteht. Der Bereich Ökologie beschreibt in diesem Fall, dass ein Gebäude wirtschaftlich sinnvoll und über den gesamten Lebenszyklus hinweg betrachtet wird. Die Ökologie bezieht sich auf einen ressourcen- und umweltschonenden Bau und im Fokus des Sozialen steht der Nutzer des Gebäudes – also in erster Linie die Mitarbeiter, eventuell auch die Kunden des Unternehmens. Stehen diese drei Säulen im Einklang zueinander, kann bereits von einem nachhaltigen Handeln gesprochen werden.

Die Kriterien der *DGNB* sind jedoch noch etwas weitgreifender und setzen auf sechs Themenfelder. Neben Ökonomie, Ökologie und Sozialem spielen im Nachhaltigkeitskonzept der *DGNB* auch die Technik, der Prozess und der Standort eine Rolle. Weitere Informationen zum Zertifizierungssystem finden Sie beispielsweise im Internet unter dngb.de.

8.1.2 Ökologische Baumaterialien

Zu »grünen« Baumaterialien zählen nachwachsende Pflanzenmaterialien wie Holz, Bambus oder Stroh ebenso wie natürlich vorkommende Rohstoffe wie Stein, Ton oder Lehm. Auch Schurwolle, Sisal, Leinen, Linoleum, Trass, Papierflocken oder Kork finden Einsatzgebiete in umweltfreundlichen Gebäuden – ebenso zählen wiederverwendete Stoffe, wie recyceltes Metall, oder wiederverwendbare Stoffe, wie recycelbarer Beton, zu den grünen Baumaterialien.

Die in großem Maße verwendeten Materialien sollten nach Möglichkeit aus der Region stammen, um lange Transportwege und somit eine zusätzlich Klimabelastung zu vermeiden. Wer Materialien kauft, die nicht aus der Region stammen, sollte zumindest auf entsprechende Zertifizierungen achten (Überblick über die wichtigsten Siegel in Abschnitt A.4).

8.1.3 Gebäudebegrünung

Begrünte Gebäudefassaden und Dächer sind nicht nur ein optischer Hingucker, sie können daneben Kohlendioxid binden und Sauerstoff bilden. Außerdem können sie Staub filtern und die Luftqualität grundsätzlich verbessern. Je mehr Gebäude in der Umgebung begrünt sind, desto spürbarer wird außerdem der Lärmschutzaspekt – denn begrünte Fassaden können Schallwellen »schlucken«.

Außerdem können sie wie eine Klimaanlage wirken: Im Sommer können sie verhindern, dass sich das Gebäude zu sehr aufheizt und im Winter kann die Begrünung wie eine Isolierung wirken und so Heizkosten mindern. Begrünte Dächer und Flächen können Regenwasser aufnehmen, das auf versiegelten Flächen nicht versickern könnte – in Zeiten zunehmender Hochwasser ein bedenkenswerter Fakt – und nicht zuletzt bieten sie Lebensräume für Tiere, die gerade in städtischen Räumen immer knapper werden.

Bei so vielen Vorteilen stellt sich direkt die Frage, warum nicht längst viel mehr Gebäude begrünt sind. Zum einen sind zahlreiche Regelungen und Vorschriften zu beachten, eine Gebäudebegrünung ist also mit einem erheblichen bürokratischen Aufwand und allerhand Planung verbunden, zum anderen ist der Kostenfaktor für viele Gebäudeeigentümer ein Ausschlusskriterium.

Um die Bürokratie kommt man zwar nicht herum, doch den Kostenfaktor können vielerorts Förderprogramme senken. Spezielle Förderprogramme, die es in zahlreichen deutschen Städten gibt, bieten Zuschüsse von bis zu 75 % (höchstens 60 Euro pro Quadratmeter), wie etwa das Förderprogramm »GründachPLUS« in Berlin. Weitere Beispiele für städtische Förderprogramme zur Gebäudebegrünung liefert die Website des *BuGG Bundesverband GebäudeGrün e. V.* – hier finden interessierte Bauherren außerdem detaillierte Informationen zu diesem Thema sowie Forschungsergebnisse und Checklisten: `gebaeudegruen.info`.

8.1.4 Firmengarten anlegen und pflegen

Gartenarbeit ist das liebste Hobby der Deutschen, wie eine Umfrage des *iwd (Informationsdienst des Instituts der deutschen Wirtschaft)* im Jahr 2018 ergeben hat. Gerade in Großstädten haben aber viele Bewohner keinen eigenen Garten, in dem sie dieser Freizeitbeschäftigung nachgehen können.

Ein Firmengarten kann eine Möglichkeit sein, um die Attraktivität eines Unternehmens auch für potenzielle Mitarbeiter zu steigern. Das Gärtnern kann einen Ausgleich zum Büroalltag schaffen, beim Stressabbau helfen, die Gesundheit stärken und – wenn sich mehrere Mitarbeiter hierfür verabreden – den Teamzusammenhalt stärken. Und auch jene, die keine Freunde von Gartenarbeit sind, nutzen den Platz im Grünen sicherlich gerne, um dort die Pause zu verbringen, einen Kundentermin wahrzunehmen oder nach Feierabend ein Getränk mit Kollegen zu trinken.

Auch für Firmenevents bietet sich ein bewusst angelegter Garten an. Vielleicht gibt es sogar die Möglichkeit, Arbeitsplätze im Freien einzurichten. In jedem Fall aber ist ein Firmengarten, sofern er naturnah angelegt ist, ein wertvoller Beitrag zum Schutz der Umwelt. Hier finden Insekten, Vögel und kleine Säugetiere ein Zuhause und es wird CO_2 kompensiert.

Viele Unternehmen gestalten ihre Außenflächen in erster Linie praktisch, kostengünstig und pflegeleicht. Rasenflächen, Pflasterwege und Schotterparkplätze sind hierzulande typisch für gewerblich genutzte Gebäudeanlagen. Häufig werden Böden großflächig versiegelt. Zu welchen Problemen das im Weiteren führen kann, erläutere ich in Abschnitt 2.2.2.

Innerstädtisch steht oft nur wenig Fläche im Außenbereich zur Verfügung, Balkone und Dachterrassen, Fensterbänke oder auch Gemeinschaftsräume und Büros als Möglichkeit des »Indoor Farming« (mehr dazu in Abschnitt 8.2.4) werden selten mitgedacht. Unternehmen, die sich dieses Themas annehmen, stechen aus der breiten Masse umso positiver heraus. Das verschafft ihnen einen Wettbewerbsvorteil.

Ein Firmengarten kann zudem bei der Müllverwertung hilfreich sein. So können organische Abfälle beispielsweise auf einem Kompost landen und zu wertvoller Erde werden. Wer lediglich in Innenräumen gärtnert, kann alternativ eine Wurmkiste anschaffen. Wie der Name erahnen lässt, handelt es sich dabei um eine Kiste, in der Würmer leben. Diese werden mit organischen Küchenabfällen gefüttert und verarbeiten diese zu Humus und flüssigem Dünger. Der wiederum kann für die Pflanzen genutzt werden und so entsteht ein kleiner ökologischer Kreislauf.

Ebenfalls ein guter Dünger ist übrigens Kaffeesatz. Dieser fällt in vielen Firmen in großen Mengen an und ihn wegzuwerfen, ist zu schade. Kaffeesatz kann einfach unter Blumenerde gemischt werden: einfach in der Teeküche einen Behälter aufstellen und darin Kaffeesatz von den Mitarbeitern sammeln lassen. Das stellt keinen großen Aufwand dar – aber einen großen Nutzen.

Die Top 10 insektenfreundlicher Pflanzen

- Apfel
- Löwenzahn
- Weide
- Gewöhnliche Sonnenbraut
- Efeu
- Saat-Esparsette
- Schlehe
- Steinklee
- Balkonpflanzen
- Himbeere

Welche Pflanzen sich im Einzelnen für den Firmengarten anbieten, hängt von verschiedenen Faktoren wie dem Standort und nicht zuletzt auch vom verfügbaren Budget ab.

Weitere mögliche Elemente eines naturnahen Gartens

- Begrünte Mauern, Wände und Dächer
- Freiwachsende Hecken
- Insektenhilfen (z. B. Insektenhotels, Insektentränken)
- Vogelhilfen (z. B. Nistkästen, Futterplätze, Vogeltränken)
- Feucht- und Trockenbiotope
- Kompost
- Kräuterspiralen
- locker aufgesetzte Steinhaufen

- Totholzhaufen
- Komposthaufen

Praxisbeispiele

BIONADE

Die *BIONADE GmbH* setzt sich mit unterschiedlichen Projekten für Biodiversität ein. Eines der Projekte ist ein betriebseigener 1,4 Hektar großer Naturgarten an seinem klimaneutralen Standort in Ostheim in der Rhön. Neben naturbelassenen Wiesen, zahlreichen verschiedenen Pflanzenarten, bienenfreundlichen Stauden und Obstbäumen sind hier mehrere Tausend Insekten wie Wildbienen, Hummeln und verschiedene Wespenarten, Käfer und andere Krabbeltiere zu Hause.

Sie finden in dem bunten Garten nicht nur ein nektarreiches Buffet, sondern auch ein Insektenhotel, das »wilde Wiesenhotel«. Ein »Zimmer« im Insektenhotel kann in Form einer Patenschaft mit Spenden ab jährlich 10 Euro gefördert werden – so werden interessierte Umweltfreunde aktiv in die Erhaltung der Artenvielfalt mit eingebunden. Auch Vögel, Fledermäuse, Amphibien oder andere Kleintiere fühlen sich hier wohl: Eigens angefertigte Behausungen, Totholz-, Reisig- und Steinhaufen bieten ihnen ideale Unterschlupfmöglichkeiten.

Der BIONADE Naturgarten hat jedoch noch einen weiteren Zweck: So soll er eine Oase der Ruhe und Entspannung sein, für Mitarbeiter und auch Besucher wie vorbeikommende Radfahrer oder Spaziergänger. Verschiedene Sitzgelegenheiten laden zum Verweilen und Beobachten ein.

CONTAG

Der Leiterplatten-Hersteller *Contag AG* mit Sitz in Berlin bezeichnet seinen Firmengarten selbst als »Erholungspark«. Auf 1,3 Hektar Fläche hat sich über mehr als zehn Jahre eine vielseitige Gartenlandschaft entwickelt, die von den rund 100 Mitarbeitern auf vielfältige Weise angenommen wird, aber auch der Umwelt zugutekommt. Laut des Bauherrn Andreas Contag wurde bei der Gestaltung großer Wert auf den Wohlfühlfaktor der Mitarbeiter, auf Natürlichkeit und auf Nachhaltigkeit gelegt.

Bunte Blumenbeete, naturbelassene Wiesen, Obst- und Nussbäume sowie Kräuter zum Selbstpflücken, Sonnenterrassen, Erholungsbänke und Sportangebote wie eine Tischtennisplatte und ein Beachvolleyball-Feld sorgen für angenehme Mittagspausen und werden auch nach Feierabend gerne angenommen. Neben den Mitarbeitern der *Contag AG* halten sich auch Tiere wie Füchse und Eichhörnchen, aber auch zahlreiche Insekten regelmäßig im Firmengarten auf.

Das Unternehmen hat eigene Bienenvölker angesiedelt, die für eine reiche Honigernte sorgen. Die Pflege des Firmengartens wurde den Behinderten-Werkstätten der Stephanus-Stiftung anvertraut, die von einer Gärtnerin fachmännisch unterstützt werden. Dabei wird bewusst auf Nachhaltigkeit und Ökologie gesetzt: Es kommen ausschließlich umweltverträgliche Dünger zum Einsatz – Pestizide und Insektizide sind tabu.

8.2 Innen

Je nachdem, ob man Eigentümer oder Mieter ist, hat man unterschiedliche Möglichkeiten, um die Innenräume nachhaltig zu gestalten. Wie in allen Bereichen des Green Office zählt auch hier: wenig ist besser als nichts. Jeder noch so kleine Schritt in Richtung Nachhaltigkeit ist ein Schritt in die richtige Richtung.

So können bereits beim Aus- und Umbau Ressourcen geschont und ökologisch abbaubare Materialien verwendet werden und auch bei der Einrichtung gibt es viele Möglichkeiten, der Umwelt mit hochwertigen, langlebigen Produkten weniger zu schaden. Bei der Innenausstattung und Raumgestaltung gibt es viele Bereiche, in denen ökologische Produkte zum Einsatz kommen können, oder zumindest solche, die die Umwelt weniger stark belasten und nach der Nutzungsdauer sortenrein recycelt werden können. Von der Wandfarbe über den Bodenbelag bis hin zum Mobiliar bietet der Handel zahlreiche nachhaltige Varianten.

Eine Orientierung beim Kauf von Büromöbeln und anderen Produkten für die Innenausstattung von Büroräumen bieten Siegel sowie Prüf-, Güte- oder Qualitätszeichen. Nicht immer sind diese auf den ersten Blick von Laien zuzuordnen und da einige Begriffe in Deutschland nicht geschützt sind, können von Herstellern selbst erstellte Labels leicht irreführend sein.

Von Begriffen wie etwa »Green« oder »Nature« im Produktnamen sollte man sich nicht täuschen lassen, wenn man nachhaltige Möbel sucht, sondern stattdessen auf bekannte und namhafte Kennzeichnungen vertrauen. (Eine Übersicht über relevante Ökosiegel finden Sie in Abschnitt A.4.)

8.2.1 Bodenbeläge

Wer ein Büro neu bezieht oder eine Renovierung plant, wird sich auch über die Bodenbeläge der Räume Gedanken machen. Die Optik spielt für die meisten bei der Wahl eine nicht unerhebliche Rolle, der Preis pro Quadratmeter ebenso und weitere Faktoren wie Trittschall oder Unempfindlichkeit.

Nicht selten vergessen wird bei der Entscheidungsfindung für die passenden Bodenbeläge jedoch der Punkt Nachhaltigkeit. Nicht jedes Material ist umweltfreundlich und manche Materialien können neben der Umwelt auch der menschlichen Gesundheit schaden.

Holz

Der Klassiker unter den ökologischen Bodenbelägen ist Holz. Ob Dielen oder Parkett – Holzböden wirken edel und gemütlich und sind langlebig, doch sind häufig mit hohen Anschaffungskosten verbunden und nicht selten empfindlich für Kratzer und Delle, die etwa durch Pfennigabsätze oder das Verschieben von Stühlen entstehen können.

Wer sich für einen Bodenbelag aus Holz entscheidet, sollte darauf achten, dass dieser nicht mit einem säurehärtenden Lack (SH-Lack) behandelt wird, denn dieser kann gesundheitsschädliches Formaldehyd freisetzen. Auch Polyurethanlacke (DD-Lacke) können zu einer erhöhten Belastung der Raumluft führen, und zwar durch geruchsintensives Phenolen und das Freisetzen von Isocynaten, was im Verdacht steht, Kopfschmerzen auszulösen. Leider sind in diesem Bereich nicht einmal Wasserlacke, die mit dem Umweltzeichen »Blauer Engel« gekennzeichnet sind, ein Garant für völlige Schadstofffreiheit – denn auch diese dürfen bis zu 10 % Lösungsmittel beziehungsweise Weichmacher enthalten.

Die Wahl sollte also auf natürliche Wachse oder Öle fallen, die möglichst frei von Terpenen sind. Fällt die Wahl auf einen leicht zu verlegenden Holzboden wie Fertigparkett, sollte auch der Unterseite des Materials Beachtung geschenkt werden. Oft ist hier eine Schicht Pressspan oder Leimholz zu finden, die formaldehydhaltige Bindemittel enthalten kann. Wer direkt beim Hersteller kauft, kann Einsicht in die verwendeten Materialien und Produktion erhalten. Eine Orientierungshilfe bei diesen Produkten bieten sowohl die Umweltzeichen »Blauer Engel« als auch »Nature Plus« oder das Siegel des *Kölner Eco-Instituts*.

Bambus

Aus ökologischer Sicht unbedingt erwähnenswert, wenn auch als Bodenbelag weniger bekannt, ist Bambus. Dieses Material ist sogar härter als Eiche und benötigt keinerlei Oberflächenbehandlung. Durch seine natürliche Holzoptik sorgt Bambus als Bodenbelag für eine Wohlfühlatmosphäre und ist durch seine helle Farbe ebenso zeitlos wie modern.

Bambus ist ein sehr schnell nachwachsender Rohstoff. Das Riesengras kann bis zu 91 Zentimeter pro Tag wachsen. Da Bambus von Natur aus widerstandsfähig gegenüber Umwelteinflüssen ist, müssen beim Anbau weder Dünger noch Pestizide zum Einsatz kommen und auch auf künstliche Bewässerung kann oftmals verzichtet werden. Fällt man eine Bambuspflanze, stirbt diese nicht automatisch, sondern kann wieder nachwachsen. Durch sein extrem schnelles Wachstum kann Bambus im Vergleich zu Bäumen mehr CO_2 speichern.

Gleichzeitig wird jedoch durch den langen Transportweg vom Anbaugebiet nach Deutschland viel CO_2 ausgestoßen, was nicht vernachlässigt werden darf. Die meisten Bambusplantagen sind in tropischen Gebieten rund um den Äquator zu finden. Das Hauptexportland ist aktuell China. Noch gibt es für Bambusprodukte selten Fairtrade-Siegel oder ähnliche Zeichen, sodass es schwer ist, die Arbeitsbedingungen der Plantagen-Arbeiter in Erfahrung zu bringen.

Laminat

Auf den ersten Blick sieht hochwertiger Laminat aus wie Echtholz. Das war es dann aber auch schon mit den positiven Gemeinsamkeiten der beiden Materialien. Da Laminat ein gutes Preis-Leistungs-Verhältnis bietet, strapazierfähig und pflegeleicht ist, ist er dennoch beliebt – auch als Bodenbelag in modernen Büroräumen.

Fällt die Wahl auf Laminat, sollte man aus ökologischer Sicht beim Kauf auf das Umweltkennzeichen »Blauer Engel« und das Prüfzeichen der EU achten. Diese minimieren das Risiko giftiger Ausdünstungen wie Phtalsäurealdehyd, einem Ausgangsprodukt der Kunststoffherstellung, das im Verdacht steht, gesundheitsschädlich zu sein.

Kork

Kork ist ein Naturstoff und kann einen Raum optisch aufwerten, allerdings muss er mehrmals im Jahr mit natürlichen Wachsen oder Ölen behandelt werden. Wer sich für Kork als Bodenbelag entscheidet, sollte beim Kauf auf das »Kork-Logo«, dem Gütesiegel des *Deutschen Kork-Verbandes e.V.*, achten.

Fliesen

Ein raumluftneutraler Bodenbelag sind Fliesen deutscher Markenhersteller. Diese enthalten keine Schadstoffe. Die Qualitätsinitiative »Deutsche Fliese« vergibt an solche Produkte das IBU-Siegel, was als Nachhaltigkeitsnachweis zu verstehen ist. Ebenso gibt es im Bereich der Fliesenkleber und Fugenmassen zahlreiche zertifizierte Produkte, die die Raumluft nicht mit flüchtigen Stoffen belasten. Beim Kauf sollte man hierbei auf die Emicode®-Kennzeichnung EC1 bzw. EC1 PLUS oder EC2 achten. Fliesen sind leicht zu reinigen: Auf aggressive Mittel kann verzichtet werden, was zusätzlich gut für die Umwelt ist.

Linoleum

In Büroräumen häufig zu finden ist Linoleum als Bodenbelag. Er besteht aus nachwachsenden Rohstoffen aus der Natur, wie Leinöl, Baumharz, Holzmehl, Kalkstein, Jutegewebe und (natürlichen) Farbstoffen. Beim Kauf sollte hinterfragt werden, ob die zum Einsatz gekommenen Wachse Terpene enthalten – darauf sollte, wenn möglich, verzichtet worden sein, um eine erhöhte Raumluftbelastung zu vermeiden. Ein Minuspunkt aus ökologischer Sicht ist der Fakt, dass Linoleum möglichst vollflächig verklebt werden sollte und entsprechende Kleber häufig Schadstoffe enthalten.

Kautschuk

Kautschuk ist auch bekannt als Gummi- oder Elastomerbodenbelag und frei von PVC, Formaldehyd, Asbest, Cadmium und FCKW.

Teppich

In Büroräumen weit verbreitet ist Teppich als Bodenbelag. Wer sich für diesen Klassiker entscheidet, sollte nicht nur auf das Material achten und natürliche Materialien wie Wolle, Kokos, Sisal oder Jute Kunstfasern vorziehen, sondern auch auf die Verarbeitung des Produkts achten.

So kann die Rückseite des Teppichs auch bei natürlichen Materialien beispielsweise aus Kunststoffschaum bestehen, der giftige Weichmacher enthalten kann. Auch eine Belastung durch Flammschutz- und Mottenschutzmittel ist nicht unüblich. Das »GUT-Siegel« versichert, dass der Teppich frei von Schadstoffen und zudem geruchsneutral ist.

8.2.2   Tapeten und Farben

Bei der Gestaltung der Wände im Innenbereich können Tapeten und Wandfarben verwendet werden, die aus regenerativen Inhaltsstoffen produziert wurden. Für eine Wohlfühlatmosphäre sorgen übrigens bunt gestrichene Wände. Unterschiedliche Studien sind zu dem Ergebnis gekommen, dass sich Menschen, die sich lange Zeit in einem weiß gestrichenen Raum aufhalten, unsicher bis schlecht gelaunt fühlen. Dieser Auffassung ist auch der Berliner Farbforscher Axel Venn, der sich seit Jahren mit dem Thema Farbpsychologie befasst.

8.2.3   Das DGNB-Zertifizierungsverfahren als Wegweiser

In Abschnitt 8.1.1 findet das DGNB-Zertifizierungssystem bereits Beachtung. Auch im Bereich der Innenräume ist seit 2017 eine spezielle Zertifizierung durch die *Deutsche Gesellschaft für nachhaltiges Bauen* möglich. Bei dieser Weiterentwicklung des etablierten Zertifizierungssystems liegt der Fokus auf dem Ausbau und der Möblierung von Innenräumen.

Dieses Tool kann Investoren, Eigentümern, Innenarchitekten und Mietern im Planungs- und Ausführungsprozess eines Projekts als Planungs- und Management-Tool dienen. Dabei können selektiv nur die Gesichtspunkte, die für den Ausbau relevant und durch die Planung noch beeinflussbar sind, betrachtet werden. Das Zertifizierungssystem kann als Wegweiser für einen gesundheitsbewussteren

Innenausbau verstanden werden und im Sinne einer ganzheitlichen Nachhaltigkeit Impulse für umweltfreundlichere und wirtschaftlichere Innenräume setzen.

Das Zertifizierungssystem betrachtet den kompletten Lebenszyklus von der Planungs- über die Ausbauzeit und darüber hinaus. So wirken sich etwa im Kriterium »Energieeffizienz und Klimaschutz« die Verwendung von Ökostrom sowie die Klimaneutralität im Ausbau positiv aus.

Bei der Auswahl von Möbeln wird beispielsweise darauf geachtet, dass diese ergonomisch, nachweislich schadstoffarm, mit geringer Umweltwirkung und von möglichst langer Lebensdauer sind. Und auch die konsequente Wiederverwendung von Produkten wird belohnt. Die DGNB will damit laut eigener Aussage ein klares Zeichen für einen bewussteren Umgang mit den eingesetzten Ressourcen setzen.

Und selbst für jene, die keine Zertifizierung anstreben, kann der Kriterienkatalog, bestehend aus 16 Kriterien für Büro- und Verwaltungsgebäude, bei der Planung und Umsetzung hilfreich sein. Diese können von DGNB-Mitgliedern eingesehen und heruntergeladen sowie von allen anderen in Form von Handbüchern im Onlineshop der DGNB erworben werden.

8.2.4 Begrünung in Innenräumen

Zimmerpflanzen in Innenräumen erfüllen gleich mehrere Zwecke auf einmal: So sorgen sie zum einen für eine Wohlfühlatmosphäre der Mitarbeiter, weil sie das Umfeld wohnlicher wirken lassen. Sie können als praktische Raumtrenner zwischen einzelnen Bereichen eines Großraumbüros oder zwischen einzelnen Arbeitsplätzen dienen und den Schall dämpfen, wodurch Mitarbeiter konzentrierter arbeiten können. Sie unterstützen zudem die Luftreinigung, unter anderem von Feinstaub, der etwa von Druckern ausgeht, aber auch von dem CO_2, das mit der Atemluft der Mitarbeiter ausgestoßen wird.

Die Forschung hat sich in den letzten Jahren außerdem damit beschäftigt, inwiefern Zimmerpflanzen die Kreativität von Mitarbeitern steigern können. Insbesondere die Farbe Grün spielt dabei eine entscheidende Rolle. Eine Studie der *Ludwig-Maximilians-Universität* München unter Leitung von Stephanie Lichtenfeld kommt zu dem Ergebnis, dass die Farbe Grün kreativ macht. Und nicht nur die Kreativität, auch das Wohlbefinden und die Leistung von Mitarbeitern sollen durch Zimmerpflanzen nachweislich verbessert werden können.

So hat beispielsweise die Niederländerin Marion Niewenhuis von der *School of Psychology* der *Cardiff University* in Wales durch die Ergebnisse einer anderthalbjährigen Forschung bestätigt, dass eine Zimmerpflanze pro Büro-Quadratmeter die Lebensqualität und Produktivität von Mitarbeitern um 15 % steigert.

Herausgefunden hat das Forschungsteam dies, indem es die Leistung von Mitarbeitern eines zunächst karg eingerichteten Büros gemessen und das Büro im Forschungszeitraum nach und nach mit Zimmerpflanzen bestückt hat. Es konnte eine Leistungssteigerung in Relation zur Anzahl der Zimmerpflanzen festgestellt werden. Nieuwenhuis und ein Co-Autor der Studie, Craig Knight, hatten schon in früheren Studien gezeigt, dass Mitarbeiter konzentrierter arbeiten können, wenn sie ihren Arbeitsplatz selbst einrichten dürfen.

Wer also nicht viel Budget hat, um alle Arbeitsplätze mit Zimmerpflanzen auszustatten, kann seine Mitarbeiter dazu einladen, eigene von zu Hause mitzubringen.

Damit die Zimmerpflanzen im Büro möglichst lange leben, muss natürlich geklärt sein, wer sich um deren Pflege kümmert und wer diese während möglicher Urlaubszeiten übernimmt. Pflegeleichte Zimmerpflanzen sollten grundsätzlich die erste Wahl sein. Sind Hunde oder Kinder im Büro anwesend, sollte außerdem darauf geachtet werden, dass die Pflanzen nicht giftig sind und einzelne Blätter bedenkenlos verzehrt werden könnten.

Eine sinnvolle Anschaffung sind selbstbewässernde Pflanzgefäße oder andere Bewässerungssysteme. Eine unkonventionelle und sehr preisgünstige, aber zugegeben optisch nicht wirklich ansprechende Lösung haben wir in unserem Büro eingeführt: mit Leitungswasser gefüllte Glasflaschen, die mit der Öffnung nach unten in die Erde gesteckt werden. So können unsere Zimmerpflanzen auch dann Wasser ziehen, wenn die Agentur über ein verlängertes Wochenende geschlossen bleibt, oder wenn im turbulenten Alltag mal niemand daran denkt, sie zu gießen.

Die Top 10 pflegeleichter Zimmerpflanzen:

- Elefantenfuß
- Bogenhanf
- Zimmerazalee
- Yucca-Palme
- Weihnachtskaktus
- Geldbaum
- Flamingoblume
- Fensterblatt

Große Unternehmen können bei der Begrünung ihrer Innenräume auf einen externen Servicepartner vertrauen, Pflanzen mit speziellen Bewässerungssystemen mieten und zusätzlich einen Pflegedienst in Anspruch nehmen. Dieser kann unterschiedliche Bereiche umfassen – neben der regelmäßigen Pflege und Düngung etwa auch den Rückschnitt oder das Umtopfen in größere Pflanzgefäße.

Nach einer Begehung und einem Vorgespräch mit dem Dienstleister, mit dem Ansprüche und Wünsche des Unternehmens geklärt werden, wird zunächst ein individuelles Begrünungskonzept erstellt. Dieses orientiert sich auch an den örtlichen Gegebenheiten wie Lichtquellen. Nicht jede Pflanze mag direktes Sonnenlicht und nicht jede steht gerne in einem fensterlosen Flur. Das Begrünungskonzept kann auch das Corporate Design des Unternehmens berücksichtigen – etwa bei der Wahl von Form, Farbe und Struktur der Pflanzgefäße.

Ebenfalls vom Profi bekommt man sogenannte Mooswände. Diese benötigen keine Pflege und können bis zu zehn Jahre halten. Sie können das Raumbild verschönern und als Schallschutz dienen. Bei der Formgebung sind der Fantasie kaum Grenzen gesetzt. Es können ganze Wände mit Moos begrünt werden oder einzelne Elemente. Auch das Logo, sofern es einfach abzubilden ist, kann als Moosbild angefertigt werden.

Office Gardening/Indoor Farming

Ein neuer Trend, der sich auch in deutschen Großstädten immer weiter verbreitet, ist das sogenannte »Indoor Farming«. Nicht nur in privaten Haushalten, auch in Büros ist es angesagt, Nutzpflanzen anzupflanzen, zu pflegen und eigenes Gemüse zu ernten. Das kann auf unterschiedliche Weise geschehen. Manche Pflanzen können in großen Kübeln vor bodentiefen Fenstern, andere in Pflanzkästen oder Mini-Gewächshäusern auf Fensterbänken und wieder andere in Regalsystemen mit künstlichem Licht gut gedeihen.

Es gibt auch spezielle Systeme zur Wandbefestigung – teils mit integrierten Bewässerungssystemen. Klingt nach viel Arbeit? Der Anbieter *Ackerpause* hat ausgerechnet, dass bereits 30 Minuten pro Woche ausreichen, um eine Indoor Farm in einem Büro zu pflegen. Der Anbieter hat sich auf die Zusammenarbeit mit Büros spezialisiert und bietet für das Office Gardening beispielsweise ein eigens entwickeltes Holzstecksystem, samt LED-Beleuchtung mit Zeitschaltuhr, Erde und Bio-Jungpflanzen.

Damit die Büromitarbeiter genau wissen, was wann zu tun ist, erhalten sie einmal pro Woche eine E-Mail mit Pflege- und Erntehinweisen. Diese Lösung ist vor allem für Anfänger ideal und der Zeitaufwand ist so überschaubar, dass er keine Arbeitszeit stiehlt. Das Projekt Indoor Farming lässt sich wunderbar in die Mittagspause integrieren.

Office Gardening oder Indoor Farming kann eine Maßnahme der betrieblichen Gesundheitsförderung sein. Gemeinschaftliches Gärtnern hat gleich mehrere positive Auswirkungen. So wirkt es sich positiv auf die körperliche Aktivität der Mitarbeiter aus, ebenso auf die Psyche – durch bewusstes Fokussieren auf den Moment und die kreative Tätigkeit – und es fördert das Sozialleben. Ein Nebeneffekt ist das Anregen einer bewussten und gesunden Ernährung, die wiederum positive Auswirkungen auf die Gesundheit hat.

Praxisbeispiele

dotBerlin

Dass man kein großes Firmengelände braucht, um einen Garten anzulegen, beweist die Firma *dotBerlin*, die sich selbst als »Berlins grünstes Büro« beschreibt. Im Innenbereich des Großraumbüros und auf einem extra zu diesem Zweck angebauten Balkon sind mehr als 20 verschiedene Pflanzenarten zu Hause, etwa Sonnenblumen, Orchideen, verschiedene Palmenarten wie die Dattelpalme, Bergpalme, Fischschwanzpalme oder Goldfruchtpalme, Kräuter wie Basilikum, aber auch Fensterblatt und Bambus.

Jeder Mitarbeiter beteiligt sich aktiv an der Pflege der Pflanzen, Ableger dürfen mit nach Hause genommen werden. Die Pflanzen dienen als Sicht- und Lärmschutz und senken, laut Unternehmen, den Stresspegel der Mitarbeiter.

Reafina

Gegen das Insektensterben aktiv werden wollten die Mitarbeiter der Hamburger Firma *Reafina AG*. Mitten im belebten Stadtteil Barmbek hat die Firma deshalb zwei Bienenvölker ansiedeln lassen – direkt auf dem Dach ihres Bürogebäudes. Dabei gab es professionelle Unterstützung durch den Anbieter *Bee-Rent*, der es sich zur Aufgabe gemacht hat, die Dächer von Großstädten durch Bienen neu zu beleben. Bienen sind wichtig für das Ökosystem und vor allem in Städten oft zu wenig vertreten. Für dieses Thema sind die Mitarbeiter der *Reafina AG* spätestens seit dem Einzug ihrer fleißigen Dachbewohner sensibilisiert. Und darüber hinaus dürfen sie sich jedes Jahr über eigenen Honig freuen – direkt im ersten Sommer konnten 20 Kilogramm geerntet werden.

8.2.5 Lichtkonzept

Von vielen Firmen vollkommen unterschätzt und deshalb vernachlässigt ist in Sachen Inneneinrichtung die Nutzung von Licht – und zwar sowohl von Tageslicht, als auch von zusätzlichen künstlichen Lichtquellen. Durch die richtige Beleuchtung können Energiekosten gesenkt und das Klima geschützt werden.

Eine ergonomisch ausgerichtete Beleuchtung der Arbeitsplätze kann darüber hinaus einen weiteren wichtigen Vorteil haben: Das Wohlbefinden der Mitarbeiter kann gesteigert werden. Ist der Arbeitsplatz richtig ausgeleuchtet, kann sich das positiv auf die Konzentration und Motivation der Mitarbeiter auswirken.

Und auch gesundheitliche Aspekte sind nicht außer Acht zu lassen. So kann eine schlechte Beleuchtung mitunter zu Fehlhaltungen, Sehstörungen und Schlafstörungen führen. Auch aus diesem Grund hat sich die Arbeitsstättenrichtlinie (ASR

A3.4) mit diesem Thema befasst und schreibt vor, dass Büroarbeitsplätze mit mindestens 500 Lux beleuchtet werden müssen. Experten raten sogar zu 1000 Lux, weil diese von Mitarbeitern als besonders angenehm und konzentrationsfördernd empfunden würden – vor allem dann, wenn sie mit einer Farbtemperatur von mindestens 5300 Kelvin kombiniert wird, was einem Tageslichtweiß entspricht.

Ein modernes und dynamisches Lichtsteuerungssystem berücksichtigt den natürlichen Biorhythmus der Mitarbeiter. So wirkt eine hohe Beleuchtungsstärke am Mittag einem Mittagstief entgegen, gen Nachmittag scheint dann ein Licht mit höherem Rotanteil, um zu verhindern, dass die Mitarbeiter am Abend nicht in den Schlaf finden können.

Ein ausgeklügeltes Lichtkonzept nutzt von vornherein so viel Tageslicht wie möglich, um den Einsatz künstlicher Lichtquellen weitestgehend zu vermeiden. Dabei wird neben der Raumaufteilung, der Größe und der Anordnung der Fenster auch auf eine möglichst helle Einrichtung geachtet. Schreibtische werden, sofern möglich, quer zum Fenster gestellt und es werden verstellbare Lichtschutzvorrichtungen installiert.

Doch selbst ein solches Konzept funktioniert nicht, wenn es am Morgen oder frühen Abend draußen dunkel ist oder die Wolken den Himmel den ganzen Tag über bedecken. Auch gibt es nicht jedes Gebäude her, Tageslicht als ausreichende Lichtquelle zu nutzen. Künstliche Lichtquellen sind also nicht immer vermeidbar, manchmal auch gar nicht. Ein gutes Lichtkonzept berücksichtigt deshalb direkte Beleuchtung, indirekte Beleuchtung, Arbeitsplatzleuchten und Tageslicht.

Um möglichst viel Energie zu sparen, sollten geeignete Lampen und Leuchtmittel zum Einsatz kommen, die sinnvoll eingesetzt mit dem kleinstmöglichen Energieaufwand eine bestmögliche Ausleuchtung des Raums und der Arbeitsplätze gewährleisten. LED-Technologie ist hier die erste Wahl. Allein durch den Umstieg auf energieeffizientere Leuchtmittel ist eine Reduzierung der CO_2-Emmissionen um bis zu 70 % möglich. Wer das erreicht, tut nicht nur der Umwelt etwas Gutes, sondern spart erhebliche Energiekosten.

In Fluren und Treppenhäusern sowie Sanitäranlagen können Bewegungsmelder dabei helfen, Licht automatisch nur dann anzuschalten, wenn es wirklich benötigt wird. Generell sollten Mitarbeiter jedoch dahingehend geschult werden, aus eigenem Antrieb heraus Energie zu sparen und Lampen bewusst nur dann zu nutzen, wenn sie wirklich benötigt werden.

Ein Lichtkonzept zu entwickeln, ist für Laien gar nicht leicht. Hier lohnt es sich, Experten zu Rate zu ziehen. Es besteht auch die Möglichkeit, Beleuchtungsanlagen zu mieten, und zwar samt individuellem Lichtkonzept und Wartung. Ein Anbieter mit flexiblen Vertragslaufzeiten ist beispielsweise der Anbieter *Deutsche Lichtmiete*. Nach zehn Jahren Miete kann die Beleuchtungsanlage ohne weitere Kosten übernommen werden. Eine solche Lösung bietet sich für kleinere Büros vermutlich nicht an, wer aber in seiner Firma beispielsweise Großraumbüros oder auch Industrie- oder Lagerhallen hat, sollte sich diesbezüglich unverbindlich beraten lassen.

8.2.6 Einrichtung

Bei der modernen Büroplanung spielt das Thema Nachhaltigkeit eine große Rolle, auch wenn es um die Wahl geeigneter Möbel geht. Diese sollen funktional, robust und möglichst langlebig sein. Daneben sind die Faktoren Optik und Gesundheit für viele Unternehmen bedeutend.

Tische, Schränke, Regale und Co.

Möbel aus Vollholz erfüllen all diese Ansprüche in aller Regel und sind deshalb im Green Office die erste Wahl, wenn es um Tische, Schränke, Regale und Co. geht. Dabei sollte auf die Herkunft des Holzes geachtet werden. Im Idealfall stammt das Holz aus heimischer Forstwirtschaft, oder zumindest aus einem unserer Nachbarländer, und musste nicht erst lange Transportwege bestreiten.

Auch die Art der Behandlung ist nicht außer Acht zu lassen – hierbei sollten natürliche Wachse oder Öle zum Einsatz gekommen und auf Chemie und Lacke wenn möglich verzichtet worden sein. Natürliche Öle dringen tief in die Poren ein, hinterlassen einen seidigen Glanz und einen unaufdringlichen Geruch. Die Atmungsfähigkeit des Rohstoffs Holz bleibt dadurch erhalten, was für ein gesundes Raumklima förderlich sein kann, sofern dieses keine Terpene enthält und freisetzt. Während unbehandeltes Holz anfälliger ist, kann ein natürliches Öl oder Wachs die Oberflächen vor Feuchtigkeit und Flecken schützen.

Gleichzeitig sind diese Pflegeprodukte, die etwa aus Leinöl, Harzen und natürlichen Pigmenten bestehen, lebensmittelecht. Gerade bei Tischen, auf denen Getränke oder Lebensmittel abgestellt werden, ist eine solche Behandlung deshalb sinnvoll. Gereinigt werden können natürlich behandelte Holzoberflächen einfach mit einem leicht feuchten, weichen Tuch und bei hartnäckigeren Verschmutzungen mit einer neutralen Seife. Dellen und Kratzer können abgeschliffen und erneut mit einem natürlichen Wachs oder Öl behandelt werden.

Bei der Wahl der Farbe gilt: je heller, desto nachhaltiger. Aus einem einfachen Grund: Je heller die Einrichtung ist, desto besser kann die Wirkung des natürlichen Lichts genutzt werden. Dadurch kann die Nutzung von Lampen verringert werden, wodurch der Energieverbrauch sinkt.

Tische, die nicht von Haus aus in der Höhe verstellbar sind, können unter den Tischbeinen durch spezielle Verstellschrauben aus Metall erweitert werden. Um die Höhe eines Steharbeitsplatzes zu erreichen, kann ein Schreibtischaufsatz aus Holz genutzt werden.

Sitzmöbel

Bei Sitzmöbeln steht neben dem Thema Nachhaltigkeit das Thema Gesundheit im Fokus. Ein Schreibtischstuhl, auf dem Mitarbeiter mehrere Stunden am Tag sitzen, muss ergonomisch geformt sein und individuell eingestellt werden können. Wer hier auf billige Möbel setzt, spart am falschen Ende. Eine falsche Sitzhaltung kann zu Rückenproblemen, Spannungskopfschmerzen und weiteren gesundheitlichen Beeinträchtigungen und somit zu Krankheitstagen der Mitarbeiter führen, was das Unternehmen am Ende mehr kosten kann als vernünftige Stühle.

Eine Alternative zu klassischen Drehstühlen können Bürohocker sein. Diese ermöglichen ein dynamisches Sitzen, das Trainieren der Rückenmuskulatur und können Haltungsschäden vorbeugen. Außerdem sparen Hocker Platz und können bei Nichtbenutzung einfach unter den Schreibtisch geschoben werden.

Doch auch wenn die Gesundheit der Mitarbeiter bei der Wahl der Sitzmöbel im Vordergrund steht, sollte der Nachhaltigkeitsaspekt nicht aus den Augen verloren werden. So sollte bei der Wahl unter anderem auf das Material des Bezugs geachtet werden. Ökologisch sinnvoll sind Recyclingmaterialien oder auch ein Schurwollgemisch, das eine langlebige, scheuerbeständige Qualität aufweist.

Um eine lange Lebensdauer zu garantieren, sollten Einzelteile wie Armlehnen, Fußstützen oder Rückenlehnen einzeln ausgetauscht werden können. Auch ist es wichtig, dass die Sitzmöbel, wenn sie eines Tages wirklich ausgedient haben, einfach demontiert und sortenrein recycelt werden können.

Gebraucht kaufen

Auch der Kauf gebrauchter Möbel kann aus ökologischer Sicht sinnvoll sein – selbst, wenn die Möbel nicht aus Vollholz bestehen. Regelmäßig werden Möbel aus Büroauflösungen angeboten, die längst noch kein Fall für den Sperrmüll sind. Die Unternehmen, aus denen diese Möbel stammen, wurden aufgelöst oder haben ihr Corporate Design überarbeitet, weshalb die Möbel für sie ausgedient haben – anderswo erfüllen sie aber längst noch ihren Zweck.

Gebrauchte Möbel sind in der Anschaffung wesentlich günstiger als neue in derselben Qualität, was sie vor allem für Startups attraktiv macht. Aber auch im Homeoffice kann die Anschaffung von Möbeln aus zweiter Hand sinnvoll sein. Wer nun befürchtet, man könne die Kosten für diese nicht von der Steuer absetzen, darf beruhigt sein: Sofern gebraucht gekaufte Möbel (überwiegend) beruflich genutzt werden und deren Erwerb mit einer Rechnung oder Quittung belegt werden kann, steht dem nichts im Wege. Dies gilt übrigens auch für andere gebrauchte Gegenstände, die im Büro zum Einsatz kommen. Am besten vor dem Kauf mit dem Steuerberater sprechen.

Nicht nur der Kauf, auch der Verkauf von gebrauchten Büromöbeln kann Teil der eigenen Green-Office-Strategie sein. Eines Tages hat man sich vielleicht an den Möbeln sattgesehen oder ein neues Raumkonzept erfordert es, bestimmte Möbel loszuwerden. Für den Sperrmüll zu schade, kann man sie beispielsweise über Kleinanzeigenportale anbieten oder einem Unternehmen, das sich auf den Vertrieb von Second-Hand-Büromöbeln spezialisiert hat. In Berlin beispielsweise ist dafür seit mehr als 30 Jahren der Fachhändler *Das zweite Büro* bekannt.

8.2.7 Upcycling und Recycling

Sowohl Upcycling als auch Recycling schonen Ressourcen und verhindern die Entstehung von weiterem Müll. Allein in Deutschland werden jedes Jahr rund sieben Millionen Tonnen alte Möbel entsorgt. Viele davon wären in ihrer ursprünglichen Form nicht mehr zu verwenden gewesen, doch professionell aufgewertet oder in ihre Bestandteile zerlegt und recycelt bekämen sie ein zweites Leben.

Upcycling ist eine Wortneuschöpfung, die sich aus den englischen Begriffen »up« (auf) und »recycling« (wiederverwerten) zusammensetzt. Im Bereich Möbel werden beispielsweise alte Möbelstücke restauriert und gewinnen dadurch an Wert. Sie können außerdem zum richtigen Hingucker – auch in der Büroeinrichtung – werden. Ehe man ein Möbelstück verkauft, verschenkt oder entsorgt, sollte man also erst einmal überlegen, ob sich (mit professioneller) Unterstützung nicht ein neues Lieblingsstück daraus machen lässt.

Beim Upcycling werden oft auch ganz andere Dinge zweckentfremdet, die zuvor kein Möbelstück waren. So entstehen etwa Regale aus Weinkisten, Sofas aus Paletten oder Tische aus Gerüstbohlen. Auch im Kleinen gedacht können Dinge, die eigentlich in der Tonne landen würden, durch Upcycling zu Neuem werden – beispielsweise leere Konservendosen zu Stiftehaltern, leere Einmachgläser zu Aufbewahrungsgläsern für Kleinteile wie Büroklammern oder Reißnägel. Professionelle Unterstützung findet man in jeder Region. Sowohl ein klassischer Schreinerbetrieb als auch ein Möbelrestaurator oder ein auf Upcycling spezialisiertes Unternehmen können die richtigen Ansprechpartner sein.

Eine schöne Idee, die gleichzeitig als Teambuildingmaßnahme genutzt werden kann, ist ein Upcycling-Workshop auf dem Unternehmensgelände oder in einem Fachbetrieb. So können Mitarbeiter alte Möbelstücke gemeinsam unter fachlicher Anleitung aufwerten und aktiv in die nachhaltige Büroumgestaltung eingebunden werden.

Wer selbst keine ausgedienten Möbel hat, aber gerne Upcycling-Möbel in sein Büro integrieren möchte, kann diese von verschiedenen Anbietern auch fertig kaufen. Recycling-Möbel sind keine Möbel aus zweiter Hand oder aufgewertete Möbel, sondern solche, bei deren Neuproduktion recycelte Materialien wie Altholz, Glas oder PVC zum Einsatz gekommen sind. Recycling-Möbel sind inzwischen ein Wachstumsmarkt, der eine Faszination auf Designer und Innenarchitekten ausübt. Diese Möbel sind nicht unbedingt Unikate, sondern auch in der Masse erhältlich.

Wer im Büro einen einheitlichen Look der Arbeitsplätze bevorzugt, ist damit also besser bedient als mit Upcycling-Einzelstücken. Möbel, die das EU-Ecolabel tragen, bestehen garantiert zu mindestens 40 % aus recycelten Materialien. (Mehr über Label und ihre Bedeutung in Abschnitt A.4.)

8.2.8 Mieten

Büromöbel müssen nicht zwingend gekauft werden – es gibt auch Anbieter, die Büromöbel vermieten. Für Startups oder unerwartet schnell wachsende Unternehmen kann das eine gute Lösung sein, auch für die Einrichtung eines temporären Homeoffice bietet sich dieses Modell an. Gemietete Möbel bieten ein hohes Maß an Flexibilität und schonen die Liquidität eines Unternehmens durch das Vermeiden hoher Anschaffungskosten. In der Regel liefern die Anbieter die Möbel zum Mieter, bauen diese auf und holen sie nach Ende der Mietlaufzeit wieder ab.

Wer sich Angebote für gemietet Möbel einholt, sollte dabei erfragen, ob der Auf- und Abbau-Service im Angebot inbegriffen ist und ob darüber hinaus eventuell eine einmalige Bearbeitungsgebühr anfällt. Bei manchen Anbietern ist diese so hoch, dass sich beispielsweise das Mieten eines einzelnen Arbeitsplatzes für wenige Monate finanziell nicht lohnt. Eine Alternative zum Mieten sind der Mietkauf oder das klassische Leasing, das aus der Geschäftswelt hinlänglich bekannt ist – etwa von Elektronik oder Fahrzeugen.

Tipp: Mieten kann man übrigens auch Zimmerpflanzen und Lampen samt individueller Lichtkonzepte.

8.2.9 Flexible Raumkonzepte

Wie sieht das Büro von morgen aus? Diese Frage bewegt Unternehmer und Angestellte seit Jahren. Nicht nur die fortschreitende Digitalisierung spielt dabei eine große Rolle – und seit der Corona-Pandemie auch das Thema Infektionsschutz –, sondern vor allem die Tatsache, dass Mitarbeiter mehr und mehr als Individuen wahrgenommen und ihre Bedürfnisse beachtet werden.

In vielen Unternehmen wurde inzwischen verinnerlicht, dass zufriedene Mitarbeiter häufig jene sind, die langfristig gute Leistungen erbringen, sich seltener krank melden, das Unternehmen stärken und den Umsatz steigern. Viele einzelne Faktoren sind für die Zufriedenheit von Mitarbeitern mit verantwortlich und auf die meisten können Arbeitgeber aktiv Einfluss nehmen.

Einer dieser Faktoren ist das Raumkonzept. Ist dieses flexibel angelegt, kann es nicht nur für Mitarbeiter von Vorteil, sondern zudem aus ökonomischer und auch ökologischer Sicht sinnvoll sein.

Wer sich der Green-Office-Challenge stellt, sollte dieses Thema nicht vernachlässigen. Flexible Raumkonzepte können je nach Platzangebot, Mitarbeiterzahl und Aufgabenstellung unterschiedlich aussehen. Einen allgemeingültigen Fahrplan gibt es hierfür nicht.

Desk Sharing

Beim Desk Sharing haben die Mitarbeiter keinen festen Arbeitsplatz, sondern legen diesen täglich flexibel fest. Meist gibt es weniger Arbeitsplätze als Mitarbeiter, sodass eine Kombination von der Arbeit vor Ort und remote oder im Homeoffice unumgänglich ist. Eine übliche Rechnung geht von 0,7 Arbeitsplätzen pro Mitarbeiter aus. Dieses Konzept erfordert eine detaillierte Planung: nicht nur bei der Abstimmung, wer wann und wo im Büro arbeitet, sondern auch in Bezug auf die technische Ausstattung.

Flexible Geräte wie Laptops oder Tablet-Computer sind bei diesem Konzept sinnvoller als fest installierte Rechner. Gleiches gilt für Mobiltelefone vs. festinstallierte Telefone. Außerdem ist bei diesem Konzept in der Regel ein Shared Workspace – also ein virtueller Arbeitsraum – notwendig, damit jeder Mitarbeiter von jedem Arbeitsplatz aus über sein passwortgeschütztes Benutzerkonto auf die notwendigen Ordner und Daten zugreifen kann. Dies funktioniert via Internet über eine Software, ähnlich einem Internetbrowser (mehr dazu in Abschnitt 4.3).

Durch Desk Sharing kann der Informationsfluss unter den Mitarbeitern im Büroalltag immer wieder neu belebt werden. Nimmt auch die Führungsebene an diesem kontinuierlichen Perspektivenwechsel teil, kann die gesamte Belegschaft durch das Abflachen von Hierarchien profitieren. Desk Sharing ist außerdem eine gute Möglichkeit, um Raumkosten zu sparen oder um Wachstum in unsicheren Zeiten zu ermöglichen. Halten sich Mitarbeiter stunden- oder tageweise abwechselnd im Büro auf, wird der Platzbedarf minimiert.

Bei allen Vorteilen dieses modernen Bürokonzepts sollte im Hinterkopf behalten werden, dass die meisten Deutschen keine Fans davon sind. Dass besagt zumindest die Vergleichsstudie »office of the future« des Immobiliendienstleister *Savills* und der Unternehmensberatung *Consulting cum laude* aus dem Jahr 2016. Die Mehrheit der 1250 Teilnehmer haben dabei angegeben, Desk Sharing abzulehnen.

Bei der Generation Y (zwischen 1981 und 1999 geboren) hat sich knapp mehr als die Hälfte für einen festen Arbeitsplatz ausgesprochen, bei der Generation X (zwischen 1964 und 1980 geboren) waren es sogar 65 %. Nur insgesamt 5 % können sich laut Umfrageergebnis vorstellen, morgens abzufragen, ob für sie ein Arbeitsplatz im Büro frei ist und wo. Beim Desk-Sharing-Konzept kann es unterschiedliche Räume geben oder einen großen, wobei sich das Großraumbüro seit Jahren im Wandel befindet.

Open Space

Das Open-Space-Konzept ist an das klassische Großraumbüro angelehnt, was der Name – »offener Raum« – bereits erahnen lässt. Das Rad wurde hierbei also nicht neu erfunden, doch man könnte schon sagen »generalüberholt«. Typische negative Eigenschaften des klassischen Großraumbüros sollen durch eine clevere Raumaufteilung von vornherein verhindert werden. Laut, hektisch und unruhig stellt man sich ein klassisches Großraumbüro in der Regel vor. Man denkt an eine unpersönliche Arbeitsatmosphäre, in der es schwerfällt, lange konzentriert, produktiv oder gar kreativ zu arbeiten. Auch stehen die Raumluft und das Risiko, Krankheiten schneller zu verbreiten, oft in der Kritik, wenn über Großraumbüros diskutiert wird.

Beim Open-Space-Büro sollen die Vorteile eines offenen Raumkonzepts in den Vordergrund gerückt werden – etwa die kurzen Kommunikationswege unter Mitarbeitern, das abteilungs- und teamübergreifende Brainstorming und eine damit oftmals schnellere Problemlösung. Daneben spielt für viele Unternehmen sicherlich auch die Kostenfrage eine mitunter entscheidende Rolle:

Das Open-Space-Konzept fordert weniger Fläche und damit geringere Miet- und Nebenkosten. Im Sinne des Green Office können auf diese Weise Ressourcen gespart werden. Im Open-Space-Büro haben Mitarbeiter für gewöhnlich keine festen Arbeitsplätze, sondern suchen sich je nach aktuellem Bedürfnis tagesaktuell einen passenden Platz, von dem aus sie mit mobilen Endgeräten arbeiten – Stichwort »Desk Sharing«.

Für dieses Konzept typisch sind offene Bereiche mit mehreren Arbeitsplätzen, Besprechungszellen, Think-Tanks sowie Kommunikations- und Pausenbereiche. Beim Open Space wird weniger in »Arbeitsplätzen« als mehr in »Arbeitswelten« gedacht. Bekannte Unternehmen, die auf das Open-Space-Konzept schwören, sind beispielsweise *Google* und *Microsoft*.

8.2.10 Co-Working

Vor allem für Freiberufler, Einzelunternehmer und kleine Unternehmen oder Start-ups ist Co-Working eine flexible und zudem nachhaltige Alternative zu eigenen Büroräumen. In vielen deutschen Städten gibt es Co-Working-Einrichtungen, die verschiedene Raumkonzepte für diverse Workspace-Bedürfnisse bieten. Die individuellen Konzepte stellen die Einrichtungen auf ihren Websites vor – bei manchen steht der Nachhaltigkeitsaspekt sogar im Vordergrund, etwa bei *ISSO* in Koblenz, *COLABOR* in Köln, *Grünhof* in Freiburg oder *Thinkfarm* in Kiel. Meist findet man online auch direkt die entsprechenden Preise.

Die meisten Spaces bieten sowohl flexible Einzelarbeitsplätze in Großraumbüros, die stunden- oder tageweise gebucht werden können, als auch Einzel- oder Teambüros mit festen Arbeitsplätzen für Dauermieter an. Daneben können oftmals nach Bedarf Meeting- oder Seminarräume gebucht werden. Auch ein Postservice ist in vielen Spaces buchbar – praktisch für alle, die ihre Privatanschrift ungern vor allen preisgeben wollen.

In Co-Working-Spaces findet jeder die passende Ecke für sein Bedürfnis, je nachdem, ob er gerade Ruhe braucht, um konzentriert arbeiten oder telefonieren zu können oder ob er sich stattdessen Gesellschaft wünscht. Gerade die Gesellschaft ist ein Aspekt, der viele Freelancer anlockt, denen im Homeoffice schnell die Decke auf den Kopf fällt und denen der Plausch an der Kaffeemaschine mit netten Kollegen fehlt.

Wo viele Kreative aufeinandertreffen, entwickeln sich mitunter auch Geschäftsbeziehungen. Und nicht nur für Freelancer ist ein Co-Working-Space interessant. Auch für Start-ups oder kleinere Unternehmen kann es sinnvoll sein, ein Büro in einem Co-Working-Space anzumieten und dadurch Kosten zu sparen. Selbst größere Unternehmen, die projektbezogen ein Team in einer anderen Stadt zusammenstellen müssen oder temporär mehr Platz benötigen, nutzen das Angebot von Co-Working-Spaces.

Wer beim Begriff Co-Working-Space zuerst an Tischkicker, Sitzsäcke und junge Hipster mit fancy Hornbrillen denkt, die irgendetwas mit Medien machen, wird seine Vorurteile an nicht wenigen Orten tatsächlich bestätigt finden. Wer sich damit nicht identifizieren kann, findet aber ganz sicher auch einen Anbieter, der eine klassische Büroatmosphäre erschaffen hat. Einen guten Überblick über verschiedene Spaces sowie weitere nützliche Infos zum Thema Co-Working grundsätzlich bietet der *Bundesverband Coworking Spaces Deutschland e.V.* auf seiner Website `coworking.jetzt`.

Co-Working für Eltern

Mancherorts gibt es spezielle Co-Working-Spaces für berufstätige Eltern – teilweise mit Kinderbetreuung. Das erste Angebot dieser Art in Deutschland gibt es seit 2016: *Coworking Toddler* in Berlin ist eines der Vorzeigeprojekte in diesem Bereich und unter anderem vom *Bundesministerium für Wirtschaft und Energie* und dem *Bundesfamilienministerium* gefördert.

In der integrierten Kindertagesstätte arbeiten staatlich geprüfte Erzieher, die auf die Besonderheiten dieses Angebots geschult sind. Anders als in gewöhnlichen Betreuungseinrichtungen sind die Eltern ganz in der Nähe und das bringt viele Vorteile. So ist das gemeinsame Mittagessen von Eltern, Erziehern und Kindern eine Bereicherung, oder auch die Möglichkeit, Kinder zwischendurch zu stillen oder mit ihnen zu spielen.

Im normalen Arbeitsalltag teilen sich die Mieter einen Raum mit flexiblen Arbeitsplätzen, können aber einen Ruheraum aufsuchen, wenn sie beispielsweise ein

Telefonat führen müssen. So funktioniert moderne Vereinbarkeit von Familie und Job.

Alternative zum Co-Working

Eine Alternative zum Co-Working-Space ist ein klassisches Bürohaus oder Office Center, in dem gewisse Bereiche mit anderen Mietern geteilt werden. Mit unserer Agentur haben wir uns vor einigen Jahren für dieses Modell entschieden. Wir mussten uns räumlich vergrößern und waren auf der Suche nach einer passenden Immobilie. Neben unseren eigentlichen Büroräumen brauchen wir für unsere Unternehmensgröße mindestens einen Meetingraum, zwei Toiletten und eine Küche sowie einen Empfangsbereich. Da summieren sich die Quadratmeter schnell und mit ihnen die Kosten für Miete oder Pacht. Zudem ist es wenig ressourcenschonend, Räume wie einen Meetingraum zu mieten, jedoch die meiste Zeit des Tages gar nicht zu nutzen.

Also haben wir uns für als Lösung für ein Bürohaus entschieden. Dort haben wir geschlossene Büroräume und zahlen ausschließlich hierfür einen Quadratmeterpreis. Alle Flächen darüber hinaus teilen wir uns mit allen Mietern im Haus. Dazu gehören mehrere Besprechungsräume, Küchen und Toiletten und ein personell besetzter Empfangsbereich. Wir sparen Kosten und die Gemeinschaftsräume stehen in unserer Abwesenheit nicht unnötig leer. In unserem speziellen Fall können die Meeingräume kostenfrei mitgenutzt werden. Die meisten Office Center berechnen hierfür eine Gebühr, etwa auf Stunden- oder Tagesbasis.

8.2.11 Das nachhaltigste Büro ist kein Büro

Je unbedeutender der Standort für (potenzielle) Mitarbeiter wird, desto günstiger können Unternehmen Immobilien bauen, kaufen oder pachten beziehungsweise mieten. Wenn es statt eines hippen Büros mit Elbblick in der Hamburger Hafencity ebenso gut ein alter Industriekomplex auf dem Land in Mecklenburg-Vorpommern sein kann, entfallen erhebliche Fixkosten. Und soll es dennoch das hippe Büro in der Hafencity sein, muss dieses zumindest nicht mehr so groß sein, wenn nicht jeder Mitarbeiter dauerhaft einen eigenen festen Arbeitsplatz benötigt.

Abhängig von Unternehmensgröße und Aufgabenbereich kann sogar gänzlich auf einen festen Unternehmenssitz verzichtet werden. Um als Full-Remote-Unternehmen eine ladefähige Geschäftsanschrift zu haben – die etwa ins Handelsregister eingetragen werden kann – und auch, um im alltäglichen Schriftverkehr nicht die Privatadresse der Geschäftsführung nennen zu müssen, bietet es sich an, in einem Office Center den Service »Virtual Office« zu buchen. Je nach Standort und Zusatzleistungen (etwa Postservice oder Firmenschild am Gebäude) ist dieser schon ab 50 Euro monatlich zu finden.

Dieses Angebot kann auch für jene interessant sein, die in Wirklichkeit in einem unbekannten Dorf sitzen, sich jedoch gerne mit einem attraktiven Standort in einer Großstadt schmücken möchten. Steht dann doch einmal ein Kundentermin oder Mitarbeiter-Meeting an, kann in einem solchen Office Center ein Raum gegen eine überschaubare Gebühr für einige Stunden oder tageweise angemietet werden. Mitarbeiter sparen sich dank Remote Work die Fahrtwege ins Büro und zurück, die damit verbundenen Kosten sowie den Zeitaufwand. Nebenbei tun sie – durch den Verzicht auf Auto oder öffentliche Verkehrsmittel – der Umwelt etwas Gutes.

Mitarbeiter, die sich nach der Geburt ihrer Kinder keine Fremdbetreuung vorstellen oder keinen Ganztagsplatz ergattern können, haben durch Remote Work die Möglichkeit, nach der Elternzeit schon früher wieder in ihren Job zurückzukehren. In unserer Agentur haben wir damit gute Erfahrungen gemacht und mehrere Mitarbeiterinnen schon kurze Zeit nach der Geburt ihrer Kinder wieder in Projekte einbinden können. Diese Art der Vereinbarkeit wird erfahrungsgemäß sehr geschätzt – und auch von immer mehr Vätern gerne in Anspruch genommen.

Entscheidet sich ein Unternehmen, auf Remote Work umzusteigen oder dieses zumindest teilweise zu genehmigen, gibt es jedoch einiges zu beachten. Neben einer guten Vertrauensbasis zwischen Arbeitgeber und Mitarbeitern sind weitere Punkte wichtig, etwa das Berücksichtigen etwaiger Zeitverschiebungen – wenn sich Mitarbeiter im Ausland aufhalten – und grundsätzlich das Thema Zeiterfassung.

Auch das sensible Thema Datenschutz darf nicht außer Acht gelassen werden: Gibt es Gespräche, die sensible Informationen enthalten und falls ja: Wo können diese ungestört geführt werden? Wie kann sichergestellt werden, dass vertrauliche Daten auf mobilen Geräten nicht von Unbefugten eingesehen oder gar gestohlen werden? Wie schützt man sich vor Datenverlust und vor Angriffen durch Schadsoftware? Die Internet- und Stromversorgung unterwegs sollte ebenfalls vorab geklärt werden.

Absprachen funktionieren in der virtuellen Zusammenarbeit anders als im klassischen Büro und es muss geklärt werden, zu welchen Zeiten und über welche Kanäle Mitarbeiter, Teamleiter und Geschäftsführung zuverlässig erreichbar sind. Mitarbeiter, die bislang noch nie remote gearbeitet haben oder grundsätzlich technisch weniger versiert sind, sollten zunächst eine Schulung erhalten, ehe von ihnen erwartet wird, sich im Arbeitsalltag selbst zu organisieren.

Tipps, Checklisten und Ökosiegel

A.1 Fazit

Sie haben dieses Buch gelesen und sind gewillt, sich der Green-Office-Challenge zu stellen? Das freut mich sehr und ich danke Ihnen dafür! Denn so werden Sie einen Teil zu einer enkeltauglichen Zukunft beitragen und mit dafür sorgen, dass unser Planet ein lebenswerter Ort bleibt.

Durch Ihr Umdenken und Ihr künftiges Verhalten werden Sie die Umwelt und das Klima schonen und ein Vorbild sein – für Ihre Mitarbeiter und Kollegen, vielleicht sogar für Ihre Vorgesetzten, für Partner, Kunden und Menschen, die in anderen Unternehmen arbeiten. Jeder noch so kleine Schritt, den Sie in die richtige Richtung gehen, wird etwas bewirken und andere inspirieren.

Lassen Sie sich nicht entmutigen, wenn ein Plan nicht sofort aufgeht oder Sie nicht auf Anhieb Gleichgesinnte finden. Wie heißt es so schön: Gutes braucht seine Zeit. Und so ist es auch mit der Herausforderung »Green Office«!

A.2 10 Tipps für mehr Nachhaltigkeit im Büro

Tipp 1) Finden Sie Mitstreiter

Jeder Einzelne kann etwas bewirken und sich im Kleinen für den Schutz der Umwelt einsetzen. Das stelle ich nicht in Frage. Doch leichter fällt es, sich der Green-Office-Challenge zu stellen, wenn man Mitstreiter hat. Diese zu finden ist meist gar nicht schwer – denn immer mehr Menschen interessieren und begeistern sich für das Thema. Blicken Sie über Ihren Tellerrand hinaus und gehen Sie auch offen auf Mitarbeiter aus anderen Abteilungen zu.

Sie sind eine One-Man-Show? Kein Problem – vernetzen Sie sich einfach mit anderen Freiberuflern oder Einzelunternehmern und bauen Sie gemeinsam etwas auf. Hilfreich sind hierfür Unternehmensnetzwerke und Social-Media-Kanäle sowie Veranstaltungen. Vielleicht sitzen Sie auch in einem Gemeinschaftsbüro oder Co-Working-Space und können das direkte Gespräch suchen. Auch unter Ihren Auftraggebern, Kunden oder Subunternehmern gibt es mit großer Wahrscheinlichkeit Visionäre und Umweltschützer, mit denen Sie sich austauschen können.

Tipp 2) Erstellen Sie eine Strategie

Eine Strategie hilft Ihnen dabei, den Überblick zu behalten, die Ist-Situation einzuschätzen sowie mögliche Ziele abzustecken. Sie gibt ihnen außerdem Orientierung. Je nach Unternehmensgröße kann es sinnvoll sein, sich vorab von einem Fachmann beraten zu lassen oder die Strategie gemeinsam mit ihm zu erstellen.

Tipp 3) Fangen Sie klein an

Denken Sie nicht, dass kleine Schritte unbedeutend sind. Jeder Weg, den Sie zu Fuß oder mit dem Fahrrad statt mit dem Auto bestreiten, jeder Coffee-to-go-Becher, den Sie nicht kaufen, und jedes Stück Abfall, dass Sie korrekt entsorgen, hilft der Umwelt. Sie dürfen große Visionen haben und weit entfernte Ziele. Doch fangen Sie klein an und feiern Sie jeden Erfolg, statt verbissen so schnell wie möglich Fantastisches erreichen zu wollen.

Gerade zu Beginn der Green-Office-Challenge neigen einige Menschen dazu, zu viel auf einmal zu wollen. Je mehr Informationen sie sich zum Thema Umweltschutz aneignen und je mehr ihnen bewusst wird, wie dramatisch die Zustände auf unserem Planeten schon heute sind und wie wichtig es ist, zu handeln, desto mehr setzen sie sich selbst unter Druck. Sie glauben, sofort Großes erreichen zu müssen, und nicht selten verrennen sie sich dabei ohne Ziel und Plan. Machen Sie diesen Fehler nicht.

Tipp 4) Gehen Sie mit gutem Beispiel voran

Nichts wirkt weniger authentisch, als jemand, der von grünen Plänen spricht, sich aber gegenteilig verhält. Gehen Sie also stets mit gutem Beispiel voran, wenn Sie in Ihrer Ambition, Ihr Büro grüner zu machen, ernstgenommen werden wollen. Wie in Tipp 3) beschrieben, sind es hier schon die kleinen Veränderungen, die etwas bewirken, andere inspirieren und motivieren können, und die in der Summe größer sind, als es auf den ersten Blick scheint.

Tipp 5) Umgehen Sie die Greenwashing-Falle

Es ist Ihnen gelungen, erste Ziele zu erreichen, und Ihr Büro ist auf einem guten Weg, ein Green Office zu werden? Herzlichen Glückwunsch! Doch passen Sie an dieser Stelle gut auf – es lauert die Greenwashing-Falle. Kommunizieren Sie Ihr Engagement zu früh oder übertrieben, fällt Ihnen das eventuell auf die Füße und es droht ein Imageverlust.

Tipp 6) Suchen Sie sich Vorbilder

Einerseits werden Sie für viele ein Vorbild sein, doch es wird immer noch Luft nach oben sein. Orientieren Sie sich an jenen, die schon einige Schritte weiter sind und nehmen Sie sich diese zum Vorbild. Das Thema Nachhaltigkeit wird seit Jahrzehnten in Unternehmen gedacht und gelebt. Schauen Sie sich auch bei Mitstreitern um. Was funktioniert bei diesen gut, in welchen Bereichen sind sie vielleicht zurückgerudert und warum? Das Rad muss nicht neu erfunden werden und es ist nichts Verwerfliches, sich Ideen abzugucken, die dem Planeten nutzen.

Tipp 7) Bilden Sie sich fort

Das Thema Nachhaltigkeit ist so komplex, dass es schwerfällt, in allen Bereichen den Überblick zu behalten. Ständig gibt es neue Gesetze, Regelungen, Technologien – bilden Sie sich regelmäßig fort und denken Sie zu keiner Zeit, genug Wissen angesammelt zu haben. Es gibt immer etwas dazuzulernen.

Tipp 8) Hinterfragen Sie regelmäßig gewohnte Abläufe

Sie sind schon einige Schritte weiter und können eine lange Liste von Veränderungen abhaken, die Sie in Ihrem Büro vorgenommen haben? Alles hat sich eingespielt und läuft? Das ist im Grunde eine tolle Sache. Doch auch im Bereich Green Office kann sich eine gewisse Betriebsblindheit einschleichen. Hinterfragen Sie deshalb regelmäßig gewohnte Abläufe und überprüfen Sie diese auf Optimierungspotenzial.

Tipp 9) Gehen Sie, wenn nötig, einen Schritt zurück

Eine Idee war in der Realität nicht so gut wie in der Theorie? Sie haben sich zu viel vorgenommen? Sie haben die nötigen Zustimmungen »von oben« nicht bekommen? Es scheitert am Budget? Gründe, warum etwas nicht so umzusetzen ist, wie ursprünglich einmal gedacht, gibt es etliche.

Das ist nicht schlimm. Gehen Sie, wenn nötig, einen Schritt zurück. Vielleicht auch mehrere. Stumpf in eine Richtung zu rennen, ohne Aussicht auf Erfolg, ist in keinem Fall sinnvoll. Prüfen Sie, warum Sie mit Ihrem Vorhaben gescheitert sind, suchen Sie andere Lösungswege und versuchen Sie es erneut.

Tipp 10) Glauben Sie an Ihre Vision

Rückschritte, wie in Tipp 9) genannt, werden Sie im Kleinen wie im Großen erleben. Vielleicht müssen Sie sich unangebrachte Kommentare von anderen Menschen gefallen lassen, an Ihre persönlichen Grenzen und die des Machbaren stoßen. Lassen Sie sich davon nicht entmutigen und glauben Sie an Ihre Visionen. Setzen Sie sich nicht selbst unter Druck und lassen Sie sich Zeit.

A.3   Checklisten zur Green-Office-Challenge

Die Checklisten können Sie als Druckvorlagen herunterladen unter:

`http://www.mitp.de/0523`

A.3.1   Erste Analyse

Frage	Antwort(en)
Wie viele Mitarbeiter hat das Unternehmen?	☐ < 10 ☐ < 50 ☐ < 250 ☐ 250 +
Gibt es ein Umweltmanagementsystem?	☐ Nein ☐ Ja, aber nicht zertifiziert ☐ Ja, zertifiziert nach EMAS ☐ Ja, zertifiziert nach ISO 14001
Gibt es einen Nachhaltigkeitsbeauftragten im Unternehmen?	☐ Nein ☐ Ja, und zwar: _____
Gibt es ein Nachhaltigkeitsteam im Unternehmen?	☐ Nein ☐ Ja, mit folgenden Mitgliedern (Name, Abteilung, Funktion): _____ _____ _____ _____ _____ _____ _____
Besteht bereits eine Green-Marketing-Strategie?	☐ Ja, diese wird auch bereits verfolgt ☐ Ja, aber die Umsetzung ist noch nicht erfolgt ☐ Nein, aber es war bereits Thema ☐ Nein, bislang hat sich damit noch niemand auseinandergesetzt
Sind die Entscheider offen für eine Green-Marketing-Strategie?	☐ Das ist noch unklar ☐ Nein ☐ Ja
Wünscht sich eine Mehrheit der Mitarbeiter mehr Nachhaltigkeit am Arbeitsplatz?	☐ Das ist noch unklar ☐ Nein ☐ Ja Falls bekannt, Anzahl der Mitarbeiter mit diesem Wunsch: _____

Frage	Antwort(en)
Gibt es Mitarbeiter, die bereit sind, sich der Green-Office-Challenge gemeinsam zu stellen?	☐ Das ist noch unklar ☐ Nein ☐ Ja, sofern es sich auf die bezahlte Arbeitszeit beschränkt ☐ Ja, auch in der Freizeit Falls bekannt, Anzahl der Mitarbeiter, die sich engagieren wollen: _____
Gibt es Mitarbeiter, die besondere Kenntnisse im Bereich Umweltschutz haben?	☐ Das ist noch unklar ☐ Nein ☐ Ja, und zwar folgende Mitarbeiter: _____ _____ _____ _____ _____ _____
Bekommt das Unternehmen in Sachen Nachhaltigkeit Unterstützung von Extern?	☐ Das ist noch unklar ☐ Nein ☐ Ja Falls ja, von welchen Stellen? _____ _____ _____ _____ _____ _____
In welchen Bereichen wäre eine Unterstützung (noch) sinnvoll?	☐ Energieversorgung ☐ Green IT ☐ Ernährung ☐ Kommunikation ☐ Reinigung ☐ Gartenpflege ☐ Sonstige, und zwar: _____ _____
Gibt es Mitarbeiterschulungen zum Thema Nachhaltigkeit?	☐ Ja, intern ☐ Ja, extern ☐ Nein, aber das Unternehmen wäre bereit, hierfür Kosten zu tragen ☐ Nein, das Unternehmen will/kann dafür keine Kosten tragen ☐ Nein, es ist unklar, ob Kosten übernommen würden

A.3.2 Büroeinrichtung und -ausstattung

Frage	Antwort(en)	Bewertung
Sind Büromöbel mit dem Siegel »Blauer Engel« ausgewiesen?	☐ Nein ☐ Ja, teilweise ☐ Ja, alle	
Sind Möbel aus Holz mit einem FSC- oder PEFC-Siegel gekennzeichnet?	☐ Nein ☐ Ja, teilweise ☐ Ja, alle	
Wird bei der Anschaffung neuer Möbel auf Herstellergarantie geachtet?	☐ Nein ☐ Ja, mindestens 5 Jahre Garantie ☐ Ja, mindestens 10 Jahre garantierte Ersatzteilverfügbarkeit	
Werden gebrauchte Möbel eingekauft?	☐ Nein ☐ Ja, teilweise ☐ Ja, ausschließlich	
Kommen energiesparende Lampen zum Einsatz?	☐ Nein ☐ Ja	
Kommt energiesparende Elektronik zum Einsatz?	☐ Nein ☐ Ja	
Sind an jedem Arbeitsplatz Steckdosenleisten mit Kippschaltern angebracht?	☐ Nein ☐ Ja	
Werden Geräte wie Drucker gemeinschaftlich genutzt?	☐ Nein ☐ Ja	
Gibt es Müll-Trenn-Systeme, die von den Arbeitsplätzen aus bequem zu erreichen sind?	☐ Nein ☐ Ja	

A.3.3 Materialbeschaffung

Frage	Antwort(en)	Bewertung
Wird der Einkauf von Büromaterial zentral organisiert?	☐ Nein ☐ Ja, dafür ist/sind zuständig: _____ _____	
Gibt es allgemeingültige Richtlinien für eine ökologische Materialbeschaffung?	☐ Nein ☐ Ja	
Wird bewusst bei ökologischen Händlern eingekauft?	☐ Nie ☐ Teilweise ☐ Immer	

Frage	Antwort(en)	Bewertung
Worauf wird beim Materialeinkauf geachtet?	☐ Auf den Preis ☐ Auf Öko-Siegel ☐ Auf nachhaltige Materialien ☐ Sonstiges: _____ _____ _____ _____	
Sind folgende Büromaterialien bereits in umweltfreundlicher Variante vorhanden?	☐ Nachfüllbare Tintenpatronen ☐ Kugelschreiber aus Holz oder Metall ☐ Kugelschreiber mit austauschbarer ☐ Miene ☐ Druckbleistifte ☐ Faserstifte auf Wasserbasis ☐ Lösungsmittelfreie Kleber ☐ Radierer aus Naturkautschuk o. ä. ☐ Papierprodukte aus Recyclingmaterial Außerdem: _____ _____ _____ _____	

A.3.4 Essen und Trinken

Frage	Antwort(en)	Bewertung
Worauf wird beim Einkauf von Lebensmitteln geachtet?	☐ Es werden keine Lebensmittel für Mitarbeiter eingekauft. ☐ Auf Regionalität ☐ Auf Saisonalität ☐ Auf Öko- und Fairtrade-Siegel ☐ Auf das Einsparen von Verpackungen ☐ Auf den Preis	
Wie wird den Mitarbeitern Trinkwasser angeboten?	☐ Gar nicht ☐ Aus dem Wasserhahn ☐ In Plastikflaschen oder -kanistern ☐ In Glasflaschen ☐ In Wasserspendern mit Einwegbechern ☐ In Wasserspendern mit Mehrwegbechern	

Frage	Antwort(en)	Bewertung
Wie wird Kaffee zubereitet?	☐ Gar nicht ☐ Instant-Pulver ☐ Kapselmaschine ☐ Padmaschine ☐ Filtermaschine ☐ Vollautomat	
Werden weitere Getränke angeboten?	☐ Nein ☐ Tee ☐ Softdrinks ☐ Säfte	
Werden Snacks zur Verfügung gestellt?	☐ Nein ☐ Ja, ungesunde ☐ Ja, gesunde	
Wie wird das Mittagessen zubereitet?	☐ Darum müssen sich Mitarbeiter selbst kümmern ☐ Durch einen Caterer ☐ In einer Kantine	
Werden vegetarische und vegane Produkte zur Verfügung gestellt?	☐ Nein, gar nicht ☐ Gelegentlich/geringe Auswahl ☐ Ja, ausreichend	
Gibt es einzeln verpackte Produkte, die auch in größeren Gebinden eingekauft werden könnten?	☐ Nein ☐ Ja, beispielsweise diese: _____ _____ _____	
Sind die Wasserhähne in den Küchen wassersparend optimiert?	☐ Nein ☐ Ja	
Gibt es Möglichkeiten zur Mülltrennung?	☐ Nein ☐ Ja	
Werden Küchentücher aus Recyclingmaterial verwendet?	☐ Nein ☐ Nein, dafür folgende Alternative: _____ ☐ Ja	
Läuft die Spülmaschine im Eco-Modus?	☐ Nein ☐ Ja ☐ Es gibt keine Geschirrspülmaschine	
Gibt es passende Töpfe für die Herdplatten?	☐ Nein ☐ Ja ☐ Es gibt keinen Herd	
Werden ökologische Reinigungsmittel zur Verfügung gestellt?	☐ Nein ☐ Ja	

Frage	Antwort(en)	Bewertung
Werden Mitarbeiter mit Hinweisschildern über die Themen Energiesparen und Mülltrennung informiert?	☐ Nein ☐ Ja	

A.3.5 Sanitäranlagen

Frage	Antwort(en)	Bewertung
Ist ein Bewegungsmelder für die Beleuchtung installiert?	☐ Nein ☐ Ja	
Gibt es einen Knopf zum Wassersparen an den Toiletten?	☐ Nein ☐ Ja	
Sind die Wasserhähne wassersparend optimiert?	☐ Nein ☐ Ja	
Werden Mitarbeiter mit Hinweisschildern über den nachhaltigen Umgang mit Sanitäranlagen informiert?	☐ Nein ☐ Ja	
Werden wiederverwendbare Handtücher angeboten?	☐ Nein ☐ Ja	
Stehen in jeder Kabine Mülleimer bereit?	☐ Nein ☐ Ja	
Wird Toilettenpapier aus Recyclingmaterial verwendet?	☐ Nein ☐ Ja	
Gibt es Alternativen zu Toilettenpapier?	☐ Nein ☐ Ja, folgende:	

A.4　Relevante Ökosiegel auf einen Blick

Im Dschungel der Ökosiegel durchzublicken, kann eine echte Herausforderung sein. Immer mehr Hersteller haben erkannt, dass Nachhaltigkeit für viele Verbraucher ein Kaufargument ist, und wollen auf der grünen Welle mitsurfen. Entsprechend labeln sie ihre Produkte – mit teils selbst ausgedachten Siegeln. Formulierungen wie »mit der Kraft der Natur« sind außerdem als solche nicht geschützt und haben deshalb keine garantierte Aussagekraft.

Beim Kauf der Büroausstattung oder Businesskleidung sollte man deshalb auf relevante Ökosiegel achten. Für alle Kategorien, vom Fußbodenbelag über den Schreibtisch, das Druckerpapier und den Pausenkaffee bis hin zum Aktenkoffer, gibt es solche Ökosiegel. Informieren Sie sich genau, welche Aussagekraft die jeweiligen Siegel haben.

A.4.1 Blauer Engel

Produkte, die mit dem »Blauen Engel« gekennzeichnet sind, erfüllen höchste Anforderungen hinsichtlich Umwelt- und Gesundheitsschutz. Sie gelten hierzulande als umweltfreundliche Spitzenprodukte. Der Blaue Engel wird von der *RAL gGmbH* vergeben (einer hundertprozentigen Tochtergesellschaft des *RAL Instituts für Gütesicherung und Kennzeichnung e.V.*) und ist neun von zehn Deutschen bekannt. Ob ein Produkt überhaupt für die Kennzeichnung mit dem Blauen Engel in Frage kommt, entscheidet zuvor das Umweltbundesamt durch eine Jury aus verschiedenen Experten.

Bei der Gestaltung von Innenräumen gibt es diverse Produkte, die mit dem Blauen Engel gekennzeichnet sind, etwa Tapeten und Wandfarben, Teppiche und Möbel. Papierprodukte, die mit diesem Siegel ausgezeichnet sind, enthalten verbindlich 100 % Altpapier und erfüllen weitere strenge Kriterien – so dürfen für die Herstellung beispielsweise kein Chlor und keine schwer abbaubaren Stoffe verwendet werden.

A.4.2 EU Ecolabel

Das »EU Ecolabel« kennzeichnet Produkte und Dienstleistungen. Sowohl die Herstellung als auch die Nutzung und die Entsorgung werden bei der Vergabe betrachtet. Im Bereich Papier sind Grenzwerte für Energieverbrauch, Belastung der Abwässer und Luftemissionen festgelegt und bei der Bleiche ist der Einsatz von Elementarchlor untersagt. Da es allerdings kaum Richtlinien für die Verwendung von Altpapier zur Herstellung von Papier gibt, ist dieses Label keine Garantie für Recyclingpapier.

A.4.3 EU-Bio-Logo

Nicht zu verwechseln mit dem EU Ecolabel ist das »EU-Bio-Logo«. Es ist das bekannteste Bio-Siegel für Nahrungsmittel, vergeben von der Europäischen Union, und etwa auf Fleischprodukten, Käse, Milch, Gemüse, Eiern, Salat, Obst, Getreideprodukten oder Gewürzen zu finden. Hersteller von Öko-Produkten müssen sich bei einer zugelassenen Öko-Kontrollstelle anmelden. Erzeuger und Händler müssen nachweisen, dass sie ökologisch wirtschaften beziehungsweise in der Lage sind, eine Vermischung von Bio-Ware mit konventionellen Rohstoffen zu vermeiden. Nach einer ersten Begutachtung des Betriebs werden die Nutzer des Zeichens mindestens einmal jährlich kontrolliert – etwa jeder fünfte Besuch erfolgt unangemeldet.

A.4.4 PEFC

Das *Programme for the Endorsement of Forest Certification Schemes (PEFC)* ist eine unabhängige, gemeinnützige Nicht-Regierungsorganisation, die von Mitgliedern aus nationalen forstlichen Zertifizierungssystemen, dem Holzhandel, der Forstwirtschaft sowie Nichtregierungsorganisationen vertreten wird. Die Siegel beziehen sich lediglich auf die Herkunft des verwendeten Holzes, nicht aber auf die Prozesse der Papierverarbeitung, weshalb sie nur bedingt eine Aussagekraft haben.

Während das »PEFC Recycelt«-Siegel Produkte auszeichnet, die zu mindestens 70 % Recyclingmaterial beinhalten, bestehen Produkte mit dem »PEFC«-Siegel zu mindestens 70 % aus PEFC-zertifizierten und/oder recycelten Materialien.

A.4.5 FSC

Der *Forest Stewardship Council*® *(FSC)* ist eine unabhängige, gemeinnützige Nicht-Regierungsorganisation, die unter anderem von Umweltverbänden, dem Holzhandel, der Forstwirtschaft sowie sozialen Nicht-Regierungsorganisationen vertreten wird.

Vergeben werden zwei Siegel, die sich auf den ersten Blick kaum voneinander unterscheiden: das »FSC Mix« und das »FSC Recycled«. Das »FSC Mix«-Siegel gewährleistet, dass mindestens 70 % der verwendeten Fasern von Holz- oder Papierprodukten aus FSC-Holz und / oder Altpapier stammen, beim »FSC Recycled«-Siegel sind es 100 %.

Darüber hinaus stellen die Siegel jedoch keine weiteren Anforderungen an die Papierproduktion, weshalb sie in den letzten Jahren vermehrt Kritik geerntet haben.

A.4.6 ÖKOPAPlus

Das »ÖKOPAplus«-Zeichen ist eine Eigenmarke der *Venceremos GmbH*, das in enger Zusammenarbeit mit der Umweltorganisation Greenpeace entwickelt wurde und auf etwa 65 Papierprodukten zu finden ist. Es garantiert 100-prozentiges Altpapier, das durch den Blauen Engel zertifiziert und weder durch Einsatz von Chlor oder Chlorverbindungen gebleicht noch chemisch behandelt worden ist.

Werden Färbemittel verwendet, müssen diese aus pflanzlichen Stoffen bestehen und dürfen keine Lösemittel enthalten. Seine beinahe weiße Farbe erhält das Papier durch natürliche Stoffe wie Kaolin, Latex, Kreide oder Stärke.

A.4.7 Aqua Pro Natura / Weltpark Tropenwald

Das Doppelsiegel »Aqua Pro Natura / Weltpark Tropenwald« ist eine freiwillige Zertifizierung der *Vereinigung Deutscher Hersteller für umweltschonende Lernmittel e. V.* und beinhaltet keine Kontrolle durch externe Prüfer. Es garantiert zwar, dass das Holz für das 100-prozentige Frischfaserpapier nicht aus tropischen Regenwäldern stammt, doch oft stammt es stattdessen aus ebenso wertvollen nordischen Urwäldern, etwa in Skandinavien, Russland oder Kanada.

A.4.8 HOLZ VON HIER

Das Label »HOLZ VON HIER« wird seit 2012 von der *HOLZ VON HIER gGmbH* vergeben und hat zum Ziel, eine regionale und nachhaltige Holzproduktion und Holzverarbeitung zu fördern. Der Nachweis erfolgt über ein FSC-, PEFC- oder ein gleichwertiges Zertifikat. Zudem wird darauf geachtet, dass das Holz kurze Transportwege vom Wald über alle Verarbeitungsschritte bis zum fertigen Produkt aufweist.

A.4.9 Österreichisches Umweltzeichen

»Das Österreichische Umweltzeichen« ist ein staatliches Gütesiegel, das an Produkte oder Dienstleistungen, Tourismus- und Gastronomiebetriebe sowie Schulen und außerschulische Bildungseinrichtungen vergeben wird. Im Büroumfeld umfasst die Palette der im Österreichischen Umweltzeichen erfassten Produkte etwa Kugelschreiber und Klebstoffe, Stempel, Papier, Briefablagesysteme, Drucker, wiederaufbereitete Toner- und Tintenpatronen und mehr. Zudem sind über 100 Druckereien zertifiziert.

A.4.10 Cradle to Cradle (C2C)

»Cradle to Cradle« bedeutet auf Deutsch übersetzt »Wiege zu Wiege« und in der Bedeutung »Ursprung zum Ursprung«. Bekannt ist auch die Abkürzung C2C. Seit 2010 vergibt das Non-Profit-Institut *Cradle To Cradle Products Innovation Institute* mit Sitz in San Francisco (USA) das C2C-Zertifikat in den fünf Graden Basic, Bronze, Silber, Gold und Platin. Bewertet werden die Kriterien »Materialgesundheit«, »Kreislauffähigkeit«, »Einsatz erneuerbarer Energien«, »verantwortungsvoller Umgang mit Wasser« sowie »soziale Gerechtigkeit«. Das vergebene Siegel muss alle zwei Jahre erneuert werden.

A.4.11 GOTS

Das »Global Organic Textile Standard (GOTS)«-Siegel ist auf Textilien zu finden, die zu mindestens 70 % aus biologisch erzeugten Naturfasern bestehen. Ab 95 % Bio-Anteil wird der Zusatz »organic« vergeben. Siegelinhaber ist die *Global Standard gemeinnützige GmbH*. Diese wurde von der *International Working Group on*

Global Organic Textile Standards, einem Zusammenschluss verschiedener Organisationen, die sich für eine umweltverträgliche und sozial verantwortliche Textilproduktion einsetzen, gegründet.

A.4.12 OEKO-TEX® MADE IN GREEN

»OEKO-TEX® MADE IN GREEN« ist ein nachverfolgbares Produktlabel für alle Arten von Textilien (Bekleidung und Heimtextilien sowie Lederartikel aller Vorstufen) inklusive verwendeter Zubehörmaterialien. Mit dem Label wird der Nachweis erbracht, dass ein Artikel durch die Zertifizierung nach OEKO-TEX® STANDARD 100 oder OEKO-TEX® LEATHER STANDARD auf Schadstoffe getestet wurde.

Daneben wird durch die Zertifizierung nach OEKO-TEX® STeP gewährleistet, dass das Textil- oder Lederprodukt mit nachhaltigen Prozessen unter sozialverträglichen Arbeitsbedingungen hergestellt wurde. Anhand einer eindeutigen Produkt-ID auf dem Label können Verbraucher zurückverfolgen, in welchen Ländern und Produktionsbetrieben das gekennzeichnete Produkt hergestellt wurde.

A.4.13 Grüner Knopf

Seit 2019 kennzeichnet das staatliche Siegel »Grüner Knopf« nachhaltig, ökologisch und sozial produzierte Kleidung. Ein vergleichbares Siegel gibt es bislang noch nicht. Der Grüne Knopf stellt an die Hersteller verbindliche Anforderungen, um Mensch und Umwelt zu schützen. Insgesamt müssen 46 Sozial- und Umweltstandards eingehalten werden, die von unabhängigen Prüfstellen überprüft werden.

A.4.14 Fairtrade

Vertrauenswürdige Fairtrade-Siegel gibt es mehrere. Auch wenn es sich dabei nicht direkt um Ökosiegel handelt, möchte ich sie an dieser Stelle aufführen, denn neben dem Thema Umweltschutz ist auch das Thema fairer Handel bedeutend für eine bessere Welt. Fairtrade-Siegel garantieren, dass die Arbeiter in den Produktionsländern soziale Arbeitsbedingungen vorfinden und zudem fair entlohnt werden. Meist fördern die Organisationen, die solche Fairtrade-Siegel vergeben, außerdem den Umstieg auf Ökolandbau und unterstützen die zumeist kleinen und von Familien betriebenen Unternehmen vor Ort, etwa durch Fortbildungen.

Das weltweit bekannteste Fairtrade-Siegel ist das *(Achtung: die Schreibweise ist entscheidend)* Fair-Trade-Siegel, das als Marke geschützt ist und von der Non-Profit-Organisation *Fair-Trade International* für Food- und Non-Food-Produkte aus fairem Handel vergeben wird. Allein in Deutschland findet man dieses Siegel auf rund 5.500 Produkten. Etwa 70 % davon sind zusätzlich auch Bio-zertifiziert. Neben dem Fair-Trade-Siegel gibt es weitere Siegel für fair gehandelte Produkte, etwa

»GEPA FAIR+«, »Naturland fair«, »Rapunzel HAND IN HAND« oder »Fair for Life«.

Bitte beachten Sie: Für Hersteller und Dienstleister ist die Kennzeichnung mit Siegeln und Zeichen, wie in den aufgeführten Beispielen, oft mit hohen Kosten verbunden, weshalb sich kleinere Betriebe und Manufakturen eine solche Kennzeichnung nicht immer leisten können. Dies bedeutet jedoch nicht automatisch, dass ihre Produkte minderwertiger sind oder ökologische Standards nicht erfüllen. Wer den Hersteller persönlich kennt – etwa den Schreiner um die Ecke – und nachvollziehen kann, woher dieser die verwendeten Materialien bezieht, kann gut und gerne auf Siegel und Zeichen verzichten.

A.5 Hilfreiche Webadressen

A.5.1 Alternative Geldanlagen

forum-ng.org	gofossilefree.org

A.5.2 Ethische Jobbörsen

biojob-boerse.de	goodimpact.com
greenjobs.de	jobverde.de
sneep.info	talents4good.org
thechanger.org	veggie-jobs.de

A.5.3 Crowdfunding

ecocrowd.de	gemeinschaftscrowd.de
crowdfunding.at	oneplanetcrowd.com/de
startnext.com	visionbakery.com

A.5.4 Grüne Banken

ethikbank.de	gls.de
triodos.de	tomorrow.one
umweltbank.de	

A.5.5 Grüne Versicherungen

bkk24.de	provita.de

A.5.6 Mitfahrgelegenheiten

mifaz.de | fahrgemeinschaft.de

bessermitfahren.de | mitfahren.de

A.5.7 Grüne Suchmaschinen

ecosia.de | gexsi.com

A.5.8 Kleinanzeigen-Plattformen

ebay-kleinanzeigen.de | gebraucht.de

fairmondo.de | shpock.com

stuffle.it | willhaben.at

A.5.9 Spenden-Plattformen

betterplace.org | icareforyou.ch

socialfunders.org

A.5.10 Naturschutzorganisationen

greenpeace.de | wwf.de

sea-shepherd.com | nabu.de

deutscheumweltstiftung.de | bund.net

baumev.de | deutschewildtierstiftung.de

klimabuendnis.org | urgewald.org

globalnature.org

A.5.11 Wettbewerbe

buero-und-umwelt.de | nachhaltigkeitspreis.de

wir-tun-was-fuer-bienen.de

A.5.12 Wurmkisten

manufactum.de | wurmkiste.at

wurmwelten.de

A.5.13 Reisen

forumandersreisen.de | bookdifferent.com

fairunterwegs.org | nf-int.org

tourcert.org

A.5.14 Kleidung

saubere-kleidung.de | fairwear.org

wellmade.org | das-ist-untragbar.de

A.6 Saisonkalender

Sie können dies als Druckvorlage herunterladen unter:

http://www.mitp.de/0523

Gemüse	Jan	Feb	Mrz	Apr	Mai	Jun	Jul	Aug	Sep	Okt	Nov	Dez
Artischocken							F	F	F			
Auberginen						F	F	F	F	F		
Blumenkohl				F	F	F	F	F	F	F		
Bohnen (dicke)						F	F	F				
Bohnen (grüne)						F	F	F	F	F		
Brokkoli						F	F	F	F			
Butternut-Kürbis	L	L	L						F	F	L	L
Champignons	F	F	F	F	F	F	F	F	F	F	F	F
Chinakohl	F	F	L	L	F	F	F	F	F	F	F	F
Erbsen						F	F	F				
Fenchel						F	F	F	F	F		
Frühlingszwiebel					F	F	F	F	F	F		
Grünkohl	F								F	F	F	
Hokkaidokürbis	L					F	F	F	L	L	L	
Kartoffeln	L	L	L	L	L	F	F	F	F	F	L	L
Knollensellerie	L	L	L	L	L	F	F	F	F	F	F	F
Kohlrabi					F	F	F	F	F	F		
Mairüben					F	F	F					
Mais							F	F	F	F		

Gemüse	Jan	Feb	Mrz	Apr	Mai	Jun	Jul	Aug	Sep	Okt	Nov	Dez
Mangold					F	F	F	F	F	F		
Meerrettich	F									F	F	F
Möhren	L	L	L	L	L	L	F	F	F	F	F	L
Pak Choi					F	F	F	F	F	F		
Paprika						F	F	F	F	F		
Pastinaken	F	F									F	F
Petersilienwurzel	F	F									F	F
Pfifferlinge							F	F	F	F		
Porree/Lauch	L	L	L	L	L	L	L	F	F	F	F	F
Portulak					F	F	F	F	F	F		
Radieschen				F	F	F	F	F	F	F		
Rettich	L	L			F	F	F	F	F	F	F	L
Romanesco					F	F	F	F	F	F		
Rosenkohl	L	L	L							F	F	F
Rote Bete	L	L	L	L			F	F	F	F	F	L
Rotkohl	L	L	L	L	L	F	F	F	F	F	F	L
Salatgurken					F	F	F	F				
Schalotten	L	L	L	L	L	L	F	F	F	L	L	L
Spaghettikürbis	L	L	L						F	F	F	L
Spargel				F	F	F						
Spinat		F	F		F				F	F	F	
Spitzkohl					F	F						
Staudensellerie							F	F	F	F		
Steckrüben	L	L	L						F	F	F	F
Steinpilze								F	F	F		
Süßkartoffeln									F	F		
Tomaten							F	F	F	F		
Weißkohl	L	L	L	L		F	F	F	F	F	F	L
Wirsing	F	F	L		F	F	F	F	F	F	F	F
Zucchini						F	F	F	F	F		
Zuckerschoten						F	F	F				
Zwiebeln	L	L	L	L	L	L	F	F	F	F	F	L

F = Freilandware   L = Lagerware

A.7   Mülltrenn-Tabelle

Sie können dies als Druckvorlage herunterladen unter:

http://www.mitp.de/0523

	Das gehört hinein	Das darf nicht hinein
Restmülltonne	Frittierfett, Gummi, Hygieneartikel, Taschentücher, Asche, Zigaretten, Staubsaugerbeutel, Scherben von Tassen, Tellern, Trinkgläsern, Spiegel- oder Fensterglas usw., Glühlampen, Halogenlampen, Kerzen, Kuverts mit Luftpolsterfolie, Windeln	Elektrogeräte, LED- und Energiesparlampen, Batterien, Bauschutt
Biotonne	Organische Abfälle wie Gemüse und Obst, Eierschalen, Essensreste, Naturrinde von Käse, Fischgräten, Knochen, Kaffeesatz, Kaffeefilter, Tee und Teebeutel, Haare, Gartenabfälle (auch Blumenerde, Laub und Reisig)	Asche, Zigaretten, Produkte aus kompostierbarem Kunststoff, Plastikrinde von Käse, Alttextilien, Watte, behandeltes Holz, Tierexkremente
Papiertonne	Papier, Papiertüten, Pappe, Zeitschriften, Zeitungen, Bücher, Prospekte, Kataloge	Verschmutztes Papier (z. B. benutzte Papierhandtücher, Servietten oder Küchenpapier, Pizzakartons, Tiefkühlverpackungen, Tapetenreste), beschichtetes Papier (z. B. Kassenbons, Backpapier, Fotopapier), Kuverts mit Luftpolsterfolie
Wertstofftonne	Plastikbecher, Verpackungen aus Plastik (z. B. Becher, Flaschen, Tüten), Alufolie, Verpackungen mit Aluminiumbeschichtung (z. B. von Schokoküssen oder Kaffee), Konservendosen, Getränkekartons, Plastiktüten, Styropor, Kronkorken, Tuben, leere Sprühsahnedosen, Netze von Gemüse und Obst, Tablettenverpackungen aus Kunststoff mit Aluminium, Pflanztöpfe	Reinigungsmittel, Spraydosen und Druckgasbehälter (z. B. Deo- oder Haarspray), Plastikprodukte (z. B. Gießkannen, Eimer), Kleiderbügel, Küchengeräte, Dosen mit Resten von Farben und Lacken, mit Kunststofflacken oder –folien beschichtetes Papier, Gartenschläuche, Teichfolien, Kunststoffbodenbeläge
Wertstoffhof	Batterien, Elektroschrott, LED- und Energiesparlampen, Bauschutt	
Sperrmüll	Möbel, Teppiche, große Decken, Fußbodenbeläge, Auslegeware, Koffer, Körbe, Jalousien, Rollos, Matratzen, Polstermöbel, Sportartikel (z. B. Tischtennisplatten)	Türen und Fenster, Bauschutt, Tapetenreste, Reifen, Gartenabfälle, Elektroaltgeräte (z. B. Kühlschränke, Computer, Geschirrspülmaschinen), Kfz-Teile, Fahrräder, Kleinteile, Sonderabfälle (z. B. Altöl, Leuchtstoffröhren, Batterien), mineralische Abfälle (z. B. Natursteinplatten, Badkeramik)

Stichwortverzeichnis

A

Allergien 57, 67
Analyse 31, 67, 77, 105, 108, 152
Arbeitsplatz 18, 47, 65, 119, 135, 137, 139,
   142, 143, 146, 154
Artensterben 28

B

Begrünung
   außen 126
   innen 134
Beleuchtung 122, 136, 137, 154, 157
Blauer Engel 118, 131, 154, 158
Brainfood 56
Büroeinrichtung 141, 154
Büromöbel 130, 141, 142, 154

C

Catering 58
Chlorfrei 79, 109
Clean-up 98
CO2-Bilanz 45, 88, 98, 123
Corporate Design 104, 136, 140
Corporate Identity (CI) 125
Corporate Social Responsibility (CSR) 17
Co-Working 144, 149
Cradle to Cradle (C2C) 160
Crossmedia 96

D

Desk Sharing 143
Dirty Dozen 57
Drei-Säulen-Modell 16, 125
Drucker 19, 46, 48, 79, 82, 118, 134, 154, 160

E

Earth Overshoot Day 22
Ecosia 48
Elektroschrott 120
E-Mobilität 42

Energiesparen 45, 60, 113, 138, 154, 157
Energieversorgung 113, 153
Erneuerbare Energien 88, 117
Erneuerbare-Energien-Anlagen (EEA) 113

F

Fahrgemeinschaften 42, 45
Fahrrad 37, 38, 42, 44, 89, 121, 150
Fairtrade 59, 72, 97, 132, 155, 161
Firmenevents 62, 127
Firmengarten 100, 127, 137

G

Garten 29, 66, 97, 99, 102, 127, 137
Geldanlage 162
Gemeinwohlbilanz 107
gentechnisch veränderte Organismen
   (GVO) 57
Gexsi 48
Google 49, 62
Graustrom 115
Green IT 117, 153
Green Office
   Definition 15
Greenwashing 19, 34, 70, 86, 94, 108, 110,
   150
Grünstrom 113

H

Hashtags 95
Holzfrei 79, 109

I

Indoor Farming 94, 127, 136
Internet 48, 51, 92, 96, 118, 143, 147

J

Jobticket 44

K

Kantine 55, 58, 61, 156
Kleidung 27, 46, 69, 71, 157, 161, 164
Klimaneutraler Versand 89
Klimaneutrales Büro 87
Kommunikation 88, 91, 95, 103, 105, 112, 144, 153
Kompensation 88, 89, 121
Kopierer 46
Krankenkasse 37, 116
Kundengeschenke 96

L

Landwirtschaft 56, 161
Lebensmittel 55, 59, 61, 74, 75, 98, 122, 139, 155, 158
Leitungswasser 58, 84, 121
Lichtkonzept 137, 142
Luftverschmutzung 23

M

Massentierhaltung 29
Mikroplastik 25, 27, 72, 82, 87
Mineralwasser 58, 121
Mitfahrgelegenheit 45, 121, 163
Mülltrennung 32, 63, 65, 101, 154, 156

N

Nachhaltigkeit
    Definition 15
Nachhaltigkeitsbeauftragte 35, 37, 152
Nachhaltigkeitsbericht 17, 102
Nachhaltigkeitsdreieck 16
Naturstrom 113
Nutztierhaltung 56

O

Öffentlicher Nahverkehr 44, 121
Ökostrom 48, 92, 113, 115, 122, 134
Open Space 144
Ozeanplastik 85

P

Papierarmes Büro 77
Papiersorten 78, 81, 159
Pariser Abkommen 22
Plastikarmes Büro 82
Plogging 98

Post-Consumer-Rezyklat (PCR) 85
PR-Arbeit 91, 92
Printwerbung 92, 96

R

Raumkonzept 141, 142, 144
Recycling 67, 69, 73, 85, 120, 122, 126, 130, 140, 141, 156, 159
Recyclingpapier 64, 80, 83, 98, 155, 157, 158
Reinigung 59, 63, 66, 84, 101, 122, 153
Reisen 51, 52, 89, 120, 164

S

Saisonkalender 97, 164
Sanitäranlagen 63, 68, 84, 138, 157
Social Media 92, 94
Soja 61
Strom-Anbieter 114, 115

T

Tapete 133, 158, 166
Teppich 67, 74, 133, 158, 166
Textilien 73, 160, 166
Tierhaltung 29, 56, 73
Too Good To Go 61
Trinkwasser 27, 99, 155

U

Unverpackt 60, 84
Upcycling 100, 141

V

Veggieday 29, 61
Versicherungen 102, 116, 162
Virtuelle Zusammenarbeit 50, 143, 147

W

Wandfarbe 130, 133, 158
Wasser sparen 27, 122, 156, 157
Werbung 79, 91, 92, 96, 101, 110
Wesentlichkeitsanalyse 105
Wettbewerbe 36, 100, 163

Z

Zertifizierungssysteme 125, 133, 159
Zimmerpflanzen 122, 134, 142